電気通信概論
第3版

通信システム・ネットワーク・マルチメディア通信

荒谷 孝夫 著

TDU 東京電機大学出版局

R〈日本複写権センター委託出版物〉
本書の全部または一部を無断で複写複製（コピー）することは，著作権法上での例外を除き，禁じられています。本書からの複写を希望される場合は，日本複写権センター(03-3401-2382)にご連絡ください。

はしがき

　20世紀後半の電気通信の発展は，コンピュータの発展と共に実にめざましく，その成果は文明社会に豊かな恵みを与えてくれた．この電気通信の発展は半導体技術，ディジタル技術，光技術の各分野における発明や飛躍的進歩に起因している．半導体技術ではトランジスタの発明以後 IC，LSI，VLSI と続く電子回路の高集積化の進歩により，機器・装置の小型化，高信頼化，経済化が進んだ．ディジタル技術では多くの機器・装置で高機能化，高性能化が図られた．理想的ディジタル通信システムと考えられていた PCM 方式が，LSI の導入により現実のものとなり，伝送システムと交換機がディジタル化されることでディジタルネットワークの時代を迎えるに至った．比較的新しい光技術ではガラスファイバと半導体レーザの画期的発明と飛躍的進歩により，多くの卓越した特長をもつ光伝送システムが実現した．これら LSI，ディジタル技術，光技術は互いに関連が強く相乗効果によりさらなる発展を続けている．

　このような新技術をシーズとして，サービス面からの社会的ニーズに対応してシステム化を図ることとなる．最近注目されている新しいサービスにマルチメディア通信がある．これにより，長く続いてきた電話中心社会から脱皮し，高度情報化社会の実現に向けてデータや画像など新しい情報メディアを加えた幅広い活動が期待できる．具体的には電話型ディジタル通信をベースに発展させた ISDN と，コンピュータ通信を発展させたインターネットがあり，共に急速に普及している．さらに無線系で注目される新サービスに携帯電話がある．これは独特の無線技術と交換技術からなる移動通信技術の研究成果が実ったものである．まさに現在の電気通信技術は，めまぐるしい変貌を遂げながら発展を続け，新サービスを生みだし，活力に満ちた時代の中にあるといえよう．

はしがき

　本書は，これから電気通信技術を学ぼうと考えている方のための入門書として，また電気通信技術に興味をもち知識を吸収したいと考えている方のための解説書として，電気通信のしくみを基礎から応用面まで平易に述べたものである．筆者は長い間，公衆電気通信の各種システムの研究実用化を担当してきた経験と，その後の大学における講義の体験に基づいて次のことに特に配慮して執筆した．

① 電気通信のしくみや基本となっている技術を理解してもらうことに重点をおき，あわせて最近話題となっていることについても極力紹介する．

② 電気通信を初めて学ぶ学生や，アウトラインを知りたい専門外の方に理解していただくため，理工学書では多くなりがちな専門用語，数式，理論を可能な限り避け，わかりやすい図をなるべく多く使う．

　本書の構成は，1章で概要を，2～5章で通信技術のハードウェア面の基礎を，6章で無線の特徴を活用した衛星・移動通信を，7～9章で情報メディア別の音声通信，画像通信，データ通信を，そして最後の10章でマルチメディア通信について述べる．以上あまり予備知識なしに容易に理解できるように，系統的に編集し記述したつもりである．読後，電気通信に興味を抱かれ，さらに専門書へと進まれる気持ちをもっていただければ幸いである．

　本書の第1版が発行されてから15年近い歳月が流れた．この間も，電気通信技術は著しい発展を遂げ，その結果，多くの新しい情報通信サービスが生まれた．情報通信のような変化の激しい分野を扱っているため，増刷の機会ごとに若干の手直しは行ってきた．大規模な見直しは初版発行8年後の第2版で行い，さらにほぼ7年後の今，第3版としてマルチメディア通信，移動通信を中心に行った．

　最後に本書の出版に際し，多大のご協力をいただいた東京電機大学出版局の植村氏ほか関係各位に厚く感謝申し上げる．

2000年1月

筆者しるす

目 次

1. 通信システムの概要
- 1.1 電気通信の発展 —————————————————— 1
- 1.2 通信システムの構成 ———————————————— 4

2. 伝送媒体
- 2.1 各種伝送媒体の特徴と適用分野 ———————— 15
- 2.2 銅線ケーブル ——————————————————— 16
- 2.3 光ファイバケーブル ———————————————— 23
- 2.4 電波伝搬 ————————————————————— 32

3. 信号の処理
- 3.1 概　要 —————————————————————— 39
- 3.2 振幅変調 ————————————————————— 41
- 3.3 周波数変調と位相変調 ——————————————— 44
- 3.4 パルス変調 ———————————————————— 46
- 3.5 ディジタル変調 —————————————————— 48
- 3.6 周波数分割多重 —————————————————— 54
- 3.7 時分割多重 ———————————————————— 56
- 3.8 通信網における信号処理 —————————————— 66
- 3.9 無線と光の変調 —————————————————— 68

4. 信号の伝送
- 4.1 概　要 —————————————————————— 71

4.2　アナログ信号の中継伝送 ──────────────── 73
　4.3　ディジタル信号の中継伝送 ─────────────── 80
　4.4　2線双方向伝送 ───────────────────── 89
　4.5　無線伝送と光伝送 ──────────────────── 92

5. 信号の交換
　5.1　概　要 ────────────────────────── 99
　5.2　アナログ交換 ────────────────────── 103
　5.3　ディジタル交換 ───────────────────── 105
　5.4　回線交換とパケット交換 ──────────────── 109

6. 衛星・移動通信
　6.1　衛星通信 ──────────────────────── 113
　6.2　移動通信方式 ────────────────────── 119

7. 音声通信
　7.1　電話回線 ──────────────────────── 125
　7.2　電話網 ───────────────────────── 130

8. 画像通信
　8.1　概　要 ────────────────────────── 135
　8.2　動画通信 ──────────────────────── 137
　8.3　ビデオテックス ───────────────────── 139
　8.4　CATV ───────────────────────── 142
　8.5　ファクシミリ ────────────────────── 144

9. データ通信
　9.1　概　要 ────────────────────────── 149

9.2　データ信号 ——————————————— 152
　9.3　同期方式 ———————————————— 154
　9.4　データ伝送 ——————————————— 157
　9.5　伝送制御 ———————————————— 163
　9.6　データ通信網 —————————————— 170

10. マルチメディア通信
　10.1　概　要 ————————————————— 177
　10.2　ISDNの特徴と構成 ———————————— 184
　10.3　ISDNの構成技術 ————————————— 188
　10.4　ISDNの利用 —————————————— 190
　10.5　ISDN発展のための新技術 —————————— 194
　10.6　インターネットの機能と構成 ———————— 197
　10.7　マルチメディア通信の展望 ————————— 203

参考文献 ——————————————————— 207
索　引 ——————————————————— 208

1 通信システムの概要

1.1 電気通信の発展

　電気通信の最初は1837年のモールス電信の発明であり，電話はこれより遅れること約40年，1876年に米国のグラハム・ベルにより発明されている．日本で電信と電話のサービスが開始されたのは，それぞれ1869年と1889年である．その後，今日に至るまでの発展には長い歴史があり，非常に多くの成果があるが，ここでは紙幅の関係から，1950年以降の発展に絞り主要なものについて述べることにする．

　通信システムを構成している主要なものは，情報信号を遠くに伝達する**伝送システム**と，不特定多数の相手と1対1の経路選択を行う**交換機**，および情報源との間のインタフェースの役割をもつ**通信端末**である．通信網（ネットワーク）を構成している基幹技術は伝送技術と交換技術であり，図1.1によりこれらの技術の変遷を振り返ってみる．なお，伝送システムには，線路を伝送媒体とする有線伝送（単に伝送と呼ぶことが多い）と，自由空間を伝送媒体とし電波を使う無線伝送（単に無線と呼ぶことが多い）があるので，分けて示した．

　伝送技術の最初は，信号の減衰対策として架空裸線を装荷した平衡ケーブルに移行することから始まった．一方，真空管，ろ波器（フィルタ）などの発明により多重伝送の基礎が確立し，無装荷ケーブルを経て同軸ケーブルによる多重伝送方式が実用化され，以後長距離化，多重化の道を進んだ．また，トランジスタの発明とその後のIC，LSIと続く半導体技術の著しい進歩は，伝送機器

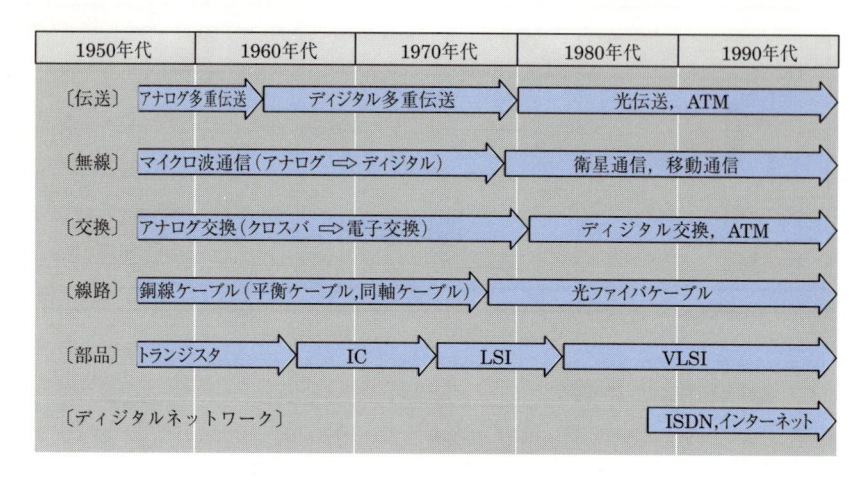

	1950年代	1960年代	1970年代	1980年代	1990年代
[伝送]	アナログ多重伝送	ディジタル多重伝送		光伝送, ATM	
[無線]	マイクロ波通信（アナログ⇒ディジタル）			衛星通信, 移動通信	
[交換]	アナログ交換（クロスバ⇒電子交換）			ディジタル交換, ATM	
[線路]	銅線ケーブル（平衡ケーブル, 同軸ケーブル）			光ファイバケーブル	
[部品]	トランジスタ	IC	LSI	VLSI	
[ディジタルネットワーク]					ISDN, インターネット

図1.1 通信技術の発展

の小型化，高信頼化に多大の貢献をなした．

このようなアナログ技術の進展とは別に，1937年に発明された**PCM方式**は，トランジスタの発明以後その将来性が注目され各方面で研究が行われてきた．わが国では1965年に最初のディジタル多重伝送方式として平衡ケーブルを使った近距離の24チャネル方式が商用に供され，以後は同軸ケーブルを使った超多重化の道を進んだ．1970年には光ファイバと半導体レーザの実用の可能性が立証され，1981年にわが国初の光伝送方式が実用となった．その後は現在に至るまでほとんどの伝送方式がディジタルと光で構成される情勢となっている．

無線技術は，電離層での反射を利用する短波通信が最初で，電波伝搬や高周波回路の研究を通じ高周波の電波利用に進み，VHF帯多重通信，FM多重通信を経て，現在固定無線伝送の主役となっているマイクロ波帯の多重通信に進展した．その後は，有線と同様に，ディジタル伝送の実用化が進められてきた．このような固定通信とは別に，無線特有の特色をもつ衛星通信，移動通信も盛んに研究され，1979年には本格的移動通信としての自動車電話方式が商用となった．近年は，パーソナル通信の究極的な理想形態と考えられる**携帯電話**の技術が大幅に進歩し，驚異的な普及を遂げた．

1.1 電気通信の発展

交換技術の最初は，個別制御のステップ・バイ・ステップ方式の自動交換機であり，1955年頃から効率のよい共通制御のクロスバ方式が実用化されて全国に多量に導入され，電話需要の積滞解消に大きな役割を果たした．ここまでに開発された交換機は電磁，機械系の部品から成り立っており，これを電子化する試みは早くから行われ，1971年に制御系に蓄積プログラム制御(SPC)(コンピュータと同じ形式)を導入した電子交換機が実用化された．このことは交換にソフトウェアを導入することであり，多機能化，サービス性の向上に大きく貢献した．その後，ディジタル技術とLSI技術の進歩を基礎に，ディジタル交換機の開発が進み，1982年にディジタル交換機が導入された．なお，これに先だって，類似な技術をもつデータ通信のための回線交換機，パケット交換機が，1979年，1980年に商用に供されている．最近は，将来の交換機として光交換機の研究が着実に進められている．

以上に述べたように，通信の基本技術はアナログからディジタルに移行していることが変遷の特色となっている．このことは通信網として見た場合，従来のように伝送技術と交換技術を個別に発展させるのではなく，共通的なディジタル技術で統合しながら進めることがネットワークの効率を高める上で最適と考えられ，通信網のディジタル統合化が推進された．他方，データ通信，画像通信などの情報メディアは多様に発展し，これに対応する通信網の構築が要望されるようになってきている．これに応えるためには，個別専用網として対応するのではなく，できればあらゆる情報通信サービスを1つのネットワークで対応できるいわゆる総合網の形式が望ましい．この問題を解決するネットワークとして生まれたものが**サービス総合ディジタル網ISDN**(Integrated Services Digital Network)であり，1988年から先進各国でサービスが開始されている．引き続いてさらにマルチメディア対応の高速，広帯域の機能をもつ計画が進められている．その中核となる新技術はATMと呼ばれているものと，インターネットで使われているTCP/IPと呼ばれるプロトコルであり，伝送，交換および端末の各分野で盛んに研究されている．このようなディジタルネットワークは，今後の高度情報化社会における通信基盤として大きく期待されている．

これまで通信技術の発展について述べてきたが，新技術を推進する上で配慮しておかなければならないことに標準化の問題がある．送受信間で形式を合わせておくことは必要不可欠のことであり，通信の分野では長い間，ITU（国際電気通信連合）の下部組織であるCCITT（国際電信電話諮問委員会）とCCIR（国際無線通信諮問委員会）で国際的な標準活動を行ってきた．研究活動の結果は勧告の形にとりまとめられ，実質上の標準を制定している．1993年，ITUの組織が大幅に改革され，標準化活動は新たにできた電気通信標準化セクタ（略称ITU-T）で行うこととなった．なお，本書では改組前の研究，勧告を**CCITT**，改組後の今後に向けての活動，勧告を**ITU-T**として表示することとした．各国の製造業者，通信業者は，勧告に準拠して装置を製造し，システムを構築し運用している．わが国では1985年に電気通信事業法が施行され，NTTが民営となり通信の自由競争の時代に入った．そのため，社団法人電信電話技術委員会（TTC）が新たに発足し，ITUの勧告をわが国の国状に合わせて適用するTTC基準を制定している．情報通信技術の発展と通信の自由化により，多種多様の情報通信機器が開発され，これらを相互に接続する機会がますます増加しようとしている今日，通信の標準化が極めて重要であるので，この動向に注目しながら技術開発を進めることが大切である．

1.2 通信システムの構成

[1] 基本構成と情報信号

(1) 基本構成

通信システムの基本構成は，図1.2に示すように，情報を送る**端末機器**，情報を伝送に都合のよい電気信号に変換する**送信機**，電気信号を遠くに送るための経路となる**伝送媒体**，受信側で電気信号を元の情報信号に変換する**受信機**，そして情報を受け取る**端末機器**から成り立っている．

端末機器は情報の内容，サービス形態によって多様で，例えば電話音声通信では電話機が，コンピュータ間通信ではコンピュータがこれに当たる．送信機から受信機までの間は伝送システムと呼ばれ，通常は多くの信号を重ねて送

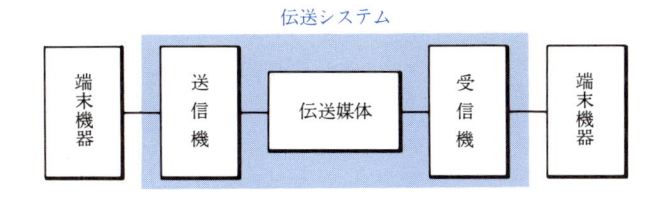

図1.2 通信システムの基本構成

多重伝送の形式を採用している．伝送媒体は有線伝送の場合には線路が，無線伝送の場合には自由空間がこれに相当する．電気信号を遠距離に伝送するときには，信号を伝送媒体に整合させるための**変調**と信号の**多重化**と呼ばれている信号の処理（変換と呼ぶこともある）を送信機で，その逆の**復調**と信号の**分離化**を受信機で行っている．

以上が基本的な通信システムであるが，通信相手を固定せず不特定多数と自由に接続しようとすれば，2つの伝送システムの間に交換機を置けばそれが可能となる．このように面的な広がりをもった通信形態が，いわゆる**通信網**（ネットワーク）である．

（2） 情報信号

通信の対象となる情報は多種類あり，音声や画像のようなアナログ情報と，データ通信などで扱うディジタル情報に分類することができる．図1.3では，これらの情報を，現在実施されているサービスに対応させて示す．アナログ情報の中で，音声，音楽，動画像は古くから電話，放送で馴染み深い情報であり，比較的新しいものとして手書き文字，一般的な図形がある．発声，聴覚，視覚のように人間のもつ感覚はすべてアナログであり，人間中心の通信ではアナログ情報が非常に重要な位置を占めている．一方，ディジタル情報は機械対機械通信としての歴史がある．古いものに電報で親しまれてきた電信があるが，現代ではなんといってもコンピュータ関連であり，この分野の限りない進歩で各種のデータ通信が多様に進展している．このようにディジタル情報は，近代社会では欠くことのできない価値ある情報となっている．

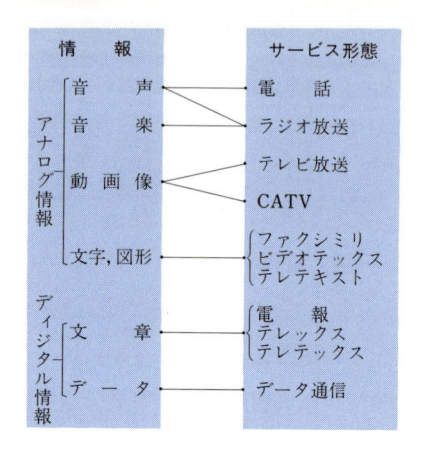

図1.3 情報の種類

情報		サービス形態
アナログ情報	音声	電話
	音楽	ラジオ放送
	動画像	テレビ放送
		CATV
	文字,図形	ファクシミリ / ビデオテックス / テレテキスト
ディジタル情報	文章	電報 / テレックス / テレテックス
	データ	データ通信

　アナログ情報は，**符号化**と呼ばれる信号処理により，ディジタル信号に変換することができる．その際，高度な情報圧縮処理を行えば，アナログ情報に多く含まれている冗長度（無駄部分）をかなり取り除くことも可能である．このような符号化，情報圧縮処理は，音声，画像関係で多く用いられている技術である．これとは別に，印刷文字，定型化された図形の場合は，これらの情報を2値のコード情報に対応させ，この2値化した情報信号を送り，受信側で文字・図形発生器により再現できるので簡単になり，通信するときは完全にディジタル情報として考えることができる．このような例として，ワープロ間通信（テレテックス），ビデオテックスがある．

[2] 伝送システム
(1) 構成と種類

　伝送システムの構成を図1.4に示す．前に述べた送信機と受信機は，伝送系の両端に位置するので，通常**端局**と呼んでいる．送信側の端局は変調と多重化を主な機能としており，受信側の端局はその逆の復調と分離化を主な機能としている．中継伝送路は，伝送媒体と中継器とが繰り返すチェーン状構成となって

1.2 通信システムの構成

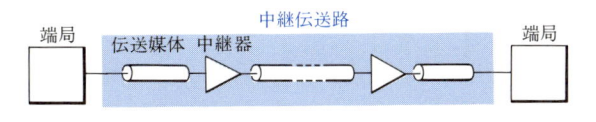

図1.4 伝送システムの構成

いる．有線系の伝送媒体には一般に**ケーブル**（平衡ケーブル，同軸ケーブルおよび光ケーブルの3種類）と呼ばれている多線状の線路を使用し，無線系の伝送媒体にはアンテナを使って電磁波として伝搬させることができる自由空間を使用する．

端局と中継器については3章以降で詳しく述べるが，アナログ技術を使う場合とディジタル技術を使う場合によって，アナログ伝送システムとディジタル伝送システムとに分類される．このことは，送るべき情報信号（アナログかディジタルか）の種類とは無関係である．これは奇妙に感じるかも知れないが，後でわかるようにアナログとディジタルとは相互に変換できるからである．したがって，図1.3に示した情報の信号を送るときの伝送システムとの対応関係は，図1.5のように4種の組合せが考えられる．

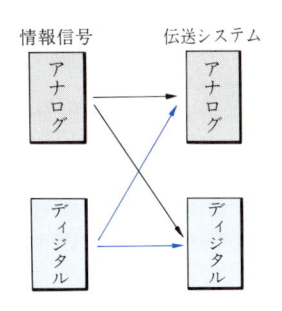

図1.5 情報信号と伝送システムの対応

昔は伝送システムおよび通信網はすべてアナログであり，また情報信号も電話時代なのでアナログの音声信号であり，アナログとアナログが対応する時代が長く続いていた．1965年のディジタル伝送システムの出現により，それ以後

は符号化によりアナログ信号をディジタル信号に変換し伝送するアナログとディジタルの対応関係が盛んになった．一方，昔のデータ通信は，**モデム** * と呼ばれているディジタルからアナログへの変換器（変調器）を使ってアナログ伝送システムを利用してきたが，1979年にデータ通信のためのディジタル伝送システムおよびディジタル通信網が出現したことにより，ディジタルとディジタルの対応で効率のよいデータ通信が可能となった．

以上に述べたように，4種の組合せは現在すべて存在しているが，今後の傾向としてはディジタル技術とLSI技術の進歩から見て，ディジタル通信網が大勢を占めていくことになるのは確かである．

多くの伝送システムは，有線の場合には地上（地下ケーブルと架空ケーブル），無線の場合には地表波（地球の表面を電磁波で伝搬）で成り立っているが，海底にケーブルや中継器を敷設した海底ケーブル伝送システム，携帯電話で代表される移動通信システム，人工衛星に中継器を置いた衛星通信システムのように，伝送システムの置かれた環境条件によって独特の技術が必要な場合もある．

（2） 多重化と中継伝送

次に，伝送で重要とされている**多重化**と**中継伝送**の考え方について，多少説明をつけ加えておく．多重伝送は電話に例えて説明すると，一般に伝送システム（特に伝送媒体）は遠距離通信になるほど設備の規模が大きくなるので，1対の導線を使って1人分のみの通話信号を送るのはもったいないので，N人分を同時に重ねて送る方法をとり，伝送コストの節約を図っている．これが多重伝送のねらいであり，送信機では多重化を，そして受信機ではその逆の分離化を行っている．多重化は，当然混信が起こらないよう電気的に分離した独立の通話の道 ** を設けておくわけである．この通話の道を**通話路**，もしくは**チャネル**（channel）と呼んでいる．そして上の例の場合を，N**チャネル多重伝送**と呼んでいる．

多重化の効果は図1.6で示される．図は距離に関するチャネル当たりのコス

---

　* MODEM：Modulator（変調器）とDemodulator（復調器）を一体化したときの合成語．
　** 後で詳しく述べるが，周波数で分けるのと，時間で分けるのと，2種類のやり方がある．

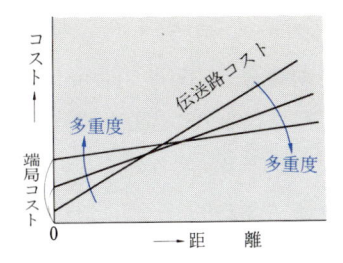

図 1.6　多重化による伝送コストの低減

トを示したもので，端局コストは主として変復調と多重・分離のための装置価格から決まり，伝送路コストは主としてケーブルと中継器の価格から決まる．総合コストは端局コスト＋伝送路コストであり，多重度を上げれば矢印の回転のように変化し，遠距離ほど安くなる．

　これからわかるように，長距離になるほど多重化の効果が顕著になるが，近距離の場合には逆効果となることがある．つまり，距離に応じた多重化を行うことが重要である．多重化は変調と並んで伝送技術の重要な柱の一つであり，歴史的に長距離伝送システムの開発に当たっては，アナログ，ディジタルを問わず，高周波部品，高周波回路の開発により多重度を上げる努力が払われてきた．

　次に中継伝送である．信号を伝送媒体により遠くに送るときには，伝送媒体の性質によって異なるが，減衰とひずみを生ずるのが常である．そのため，適当な間隔に中継器を置いて，これを補正してやらなければならない．また，媒体に存在する雑音，中継器で生ずるひずみと雑音も厄介な妨害要因で，極力排除してやらなければならない．そのためには伝送媒体の選択と構造上の工夫，中継器の設計に当たって十分な配慮が必要である．1中継区間当たりのひずみや雑音が十分抑圧できないと，長距離多中継の際にこれらが累積し信号が埋もれることになり，伝送品質が劣化する．このほかに，ケーブルの場合には損失が周囲温度の変化により変動するので，日によって受信信号の大きさが変わる問題があり，その対策も立てておかねばならない．無線の場合には，電波の広がり具合によって，山，海，建物などにより反射してきた波との干渉があり，受信波

の大きさが変動すること（フェージングという）が多い．したがって，システム設計の際には通常，**信号対雑音比**（S/N；signal to noise ratio）が重要な指標となっている*．また，信号を送るのに必要な周波数帯域幅も大きな設計指標で，帯域幅が狭ければ多重化が容易になり好ましい．しかし，一般的に信号対雑音比は悪くなりがちになる．つまり，一般に信号対雑音比と帯域幅とは相反する傾向があるので，設計の際にこのことを念頭に置いて，目的に応じてバランスをとることが大切である．

（3）双方向伝送

情報信号を伝送するには，有線の場合，最小限1対の導線が必要である．これは2線伝送といわれているもので，普通の伝送では1方向しか伝送できない．完全な通信形態の条件は，2車線の自動車用道路のように常時双方向伝送ができることであり，2対の導線（4線）が必要である．

図1.7は各種の双方向伝送の形式を示したもので，線は1対の導線を示している．図(b)は1対で双方向伝送を行う特殊な形式で，非常に近距離の電話音声の通信だけに適用されているものである．これは当然混信するが，人間の理解

(a) 1方向伝送

(b) 2線双方向伝送

(c) 4線双方向伝送

(d) 2線交互双方向伝送

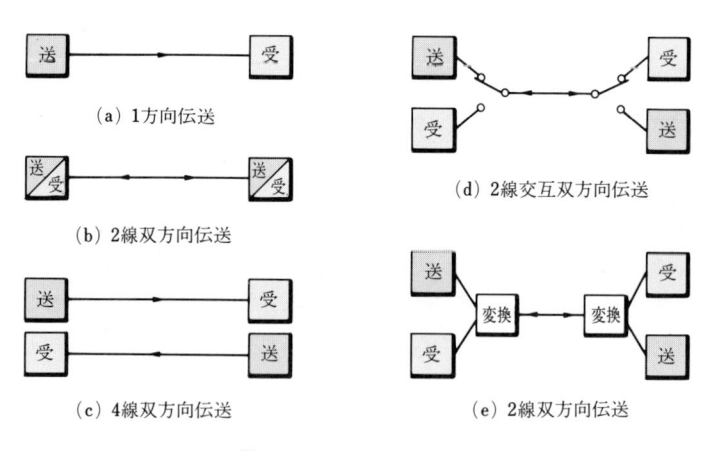

(e) 2線双方向伝送

図1.7　双方向伝送の形式

---

*ひずみは，雑音に含めるときと，分けるときとがある．

力で相手の声が識別できるという電話独特の通信形態から生まれた方法であり，電話網におけるユーザと電話局との間（加入者線＋2線交換機）の狭い範囲に限られている（詳しくは7章で述べる）．電話音声以外の通信は，図(c)の4線双方向伝送が一般的である．図(d)は2線を使い，スイッチを交互に切り替えることにより，不完全ながら双方向伝送を可能とする形式で，データ通信の分野で**半二重通信**としてよく使われているものである．なお，図(c)をデータ通信では**全二重通信**と呼んでいる．図(e)は物理的には2線しかないが，高度の技術により常時双方向通信を可能とする形式である（4.4節参照）．

通信では以上のように送受1対1の対応関係を基本としているが，放送の場合には1対N（Nは多数）の対応関係をもち大きな違いがある．しかし，最近では通信でも多機能化が進み，ファクシミリ通信に見られるように1対Nの片方向通信が行われるようになってきている．このようなサービス形態を，特に**同報通信**と呼んでいる．

[3] 交換と通信網
(1) 交換

通信相手を特定せず不特定多数の相手を任意に選び，いつでも通信できるようにするためには，図1.8(a)のように，すべての相手にスイッチを通じ伝送路

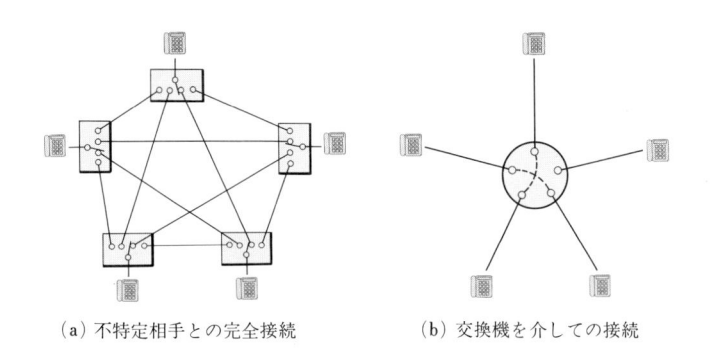

(a) 不特定相手との完全接続　　　　(b) 交換機を介しての接続

図1.8 交換機の機能

で結ばなければならない。このとき，加入者数を N とすれば，伝送路の総数は $N(N-1)/2$ となり，明らかに不経済となる。そこで図(b)のように加入者間のほぼ中心のところにスイッチを置き，加入者からスイッチまで，それぞれ1本だけの伝送路を設け，中央のスイッチが加入者の要求に応じて相手方に接続する効率的な方法をとる。このような機能をもっている機器が**交換機**である。厳密にいえば，この交換機は**加入者線交換機**と呼ばれているもので，このほかに交換機間を結ぶ中継線（市外では伝送システムがこれに相当する）の径路と空線を選択する**中継線交換機**がある。

交換機が相手を選択するには，あらかじめ全加入者に識別のための加入者番号を設定しておくことが必要で，経路設定に使われる信号が**選択信号**である。そのほか，交換機器の起動，切断などの制御，状態の表示のための監視信号があり，これらをまとめて**制御信号**，または単に**信号**と呼んでいる。情報信号と紛らわしいので，本書では以後，制御信号と呼ぶ。

（2） 通信網

不特定多数の加入者を1対1の形で結びつける通信は，図1.9に示すように，交換機を介して多くの伝送路が二次元的に接続される通信網を通じて行われる。通信網の外側には，電話網なら電話機というように，目的とするサービス

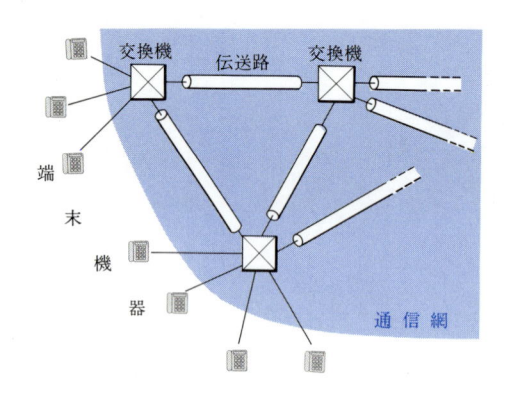

図1.9　通信網の構成

に適応した端末機器が接続される．このように通信網の構成要素技術を集約すると，伝送技術と交換技術となる．

一般に，通信網を形成する上で考慮されるべき重要な項目は，経済性とサービス品質である．

経済性は伝送コストと交換コストから成り立つが，どのように交換機と伝送路を配置させるか，つまり網構成法に依存するところが大きい．伝送コストが高ければ中継交換の段数を増加すればよいなど，伝送コストと交換コストの比率も大きな要因であり，またトラヒックの量と流れがどのようになっているかも重要である．

サービス品質は，ユーザから見て満足されるものでなければならないだけでなく，通信網を設計し保守していくための技術基準が，その根拠として十分反映されていなければならない．

一般に，**通信網のサービス品質**といわれているものは，以下の3つである．対応する**技術基準**もあわせて示す．

① **接続品質**：接続は速やかに，かつ確実に行われること……**接続基準**
② **伝送品質**：伝送は良好な品質を確保すること……**伝送基準**
③ **安定品質**：常に安定な通信が行えるように，十分な信頼性を維持すること……**安定基準**

接続基準は，交換機の設計の際に使われる基準で，具体的には機器による話中率，接続遅延を規定している．伝送基準は，伝送システムの設計の際に使われる基準で，具体的には損失の周波数特性，雑音，ひずみ，損失変動などを規定している．安定基準は，システム，機器の信頼性や異常トラヒック対策などについて規定しているものである．

最後に通信網の種類であるが，公衆網としては現在，情報別に各種のネットワークが存在している．非常に巨大なネットワークは電話網で，構成技術はアナログ主体の技術からディジタル主体の技術に変貌してきている．また，電話網を利用し独自のネットワークを展開しているものに自動車電話・携帯電話網があり，画像関係でファクシミリネットワークやビデオテックス（わが国では

キャプテン）のネットワークもサービスされている．また，比較的新しいネットワークとしてデータ通信網があり発展を遂げている．このように，ネットワークは基本的には情報別に独自の専用ネットワークを構築してきたが，最近ではすべての情報サービスを1つのディジタルネットワークで総合的にまとめて対応させたISDNがサービスを開始している．またコンピュータの大衆化に伴って出現したインターネットは，マルチメディア向きの新しいコンピュータネットワークとして急速に普及している．これらの多様な通信網については，7章以降で詳しく述べる．

2 伝送媒体

2.1 各種伝送媒体の特徴と適用分野

伝送媒体で現在実用になっているものは，有線では平衡ケーブル，同軸ケーブルの銅線ケーブル系と光ファイバケーブルがあり，これらは**伝送線路**と呼ばれている．無線では周波数により数多くの電磁波を使用する自由空間がある．これらの多様な伝送媒体に情報信号をうまく整合させ，かつ経済的に有効に活用することが重要で，この役割を担っているのが伝送システムの端局であり，具体的には変調と多重化である．

伝送媒体の特徴から伝送システムの適用分野を整理すると，表2.1のようになる．ここでは，主として多重度の大きいつまり大容量のもので，かつ長距離に適用されるシステムと，小容量で近距離のシステムとに大別することができる．一般に，大容量・長距離の伝送システムは基幹回線用に，小容量・近距離の伝送システムは枝線，末端の近距離回線に使用されている．

表2.1 伝送媒体の特徴と適用分野

	伝送媒体	特 徴	適用分野
有線	平衡ケーブル	狭帯域，高雑音，安価	小容量，近距離向き
	同軸ケーブル	やや広帯域，低雑音，高価	大容量，遠距離向き
	光ファイバケーブル	広帯域，低損失，低雑音，やや高価（近い将来は安価）	大・中容量，遠・中距離向き（近い将来は全領域をカバー）
無線	超短波以下	指向性小，狭帯域	$1:N$，小容量，移動通信向き
	マイクロ波以上	指向性大，広帯域	$1:1$，大容量，固定通信向き

16   2. 伝送媒体

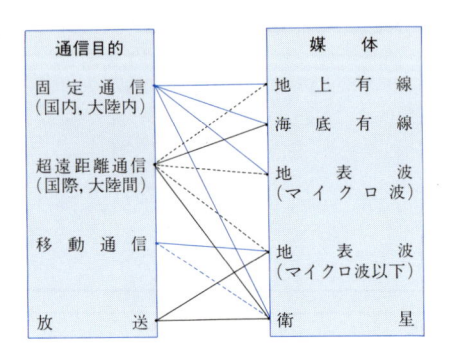

```
┌─────────────┐        ┌─────────────┐
│  通信目的   │        │   媒 体     │
│ 固 定 通 信 │────────│ 地 上 有 線 │
│ (国内,大陸内)│        │ 海 底 有 線 │
│ 超遠距離通信│        │ 地 表 波    │
│ (国際,大陸間)│        │ (マイクロ波)│
│ 移 動 通 信 │        │ 地 表 波    │
│             │        │(マイクロ波以下)│
│ 放   送     │        │ 衛   星     │
└─────────────┘        └─────────────┘
```

図 2.1 通信目的と伝送媒体

　図 2.1 は，通信の目的と，これにふさわしい伝送媒体との対応関係を概略図で示したものである．実線はわが国で使用されているもの，破線は諸外国で使用されているものと，わが国でも使用される可能性のあるものを示す．

2.2 銅線ケーブル

[1] 種 類

　通信のための伝送線路は，光ファイバケーブルが出現するまでは周知のごとく金属導体，そしてその中心は銅線であった．歴史的に見れば，最初の線路の形態は**架空裸線**である．1本の電柱に多くの裸の銅線が張られ，1対1回線で電信や電話に使用されていたが，気候や外部の雑音の影響を直接受けるため伝送特性が悪く，不安定である．そのため，しだいに外側を絶縁し多対集合し，外被に鉛を使った多対収容のケーブルへ，そして地下埋設に移っていった．

　他方，同軸ケーブルは，漏話，誘導雑音のない新しい伝送媒体として第二次大戦後発展し，市外基幹伝送路がこれに移行した．図 2.2 に，これらの線路の外観を示す．

　平衡ケーブル（balanced type cable）は**ペアケーブル**，**対称ケーブル**と呼ばれることもあるが，大地に対して電気的に平衡した状態となるように，1対の線

2.2 銅線ケーブル

(a) 平衡ケーブル　　(b) 同軸ケーブル　　(c) 光ファイバケーブル

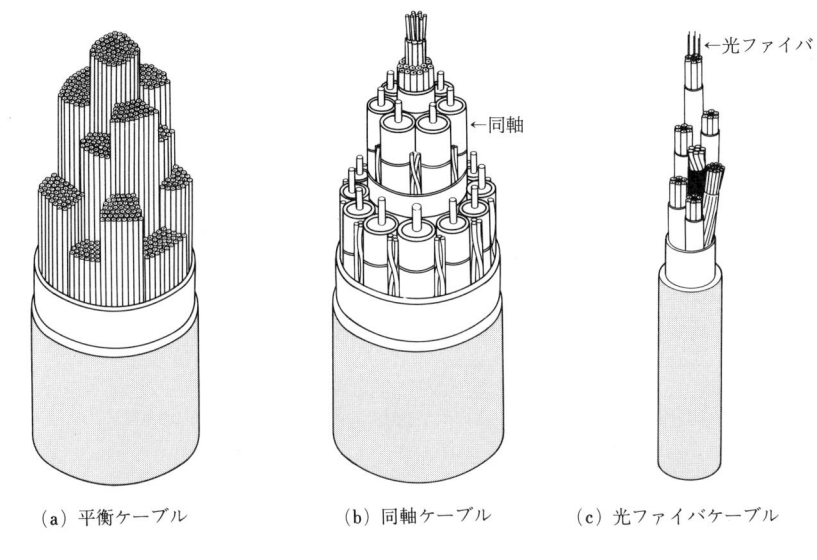

図 2.2　線路の種類

を平行により合わせたものを単位として，多数集合したものである．平衡度がよければ，他の線から漏話，外来の電磁的雑音の影響が受けにくくなる利点がある．より方は1対単位でよる**対より**と，往復1回線を構成単位とするため，**カッド**（quad）と呼ばれる2対単位による**星形カッドより**が代表的である．

これに対し，**同軸ケーブル**（coaxial cable）は同心円状に外部導体と内部導体とで構成された同軸対を単位とし，これを集合したものである．同軸ケーブルは平衡ケーブルより高価となるが，外部からの電磁的妨害に対しては遮へい効果に優れた高品質ケーブルである．

光ファイバケーブルは，1970年代後半に出現した非常に優れた伝送媒体であり，2.3節で詳しく述べる．

表2.2に，種々の角度から見た伝送線路の分類を示す．

設置環境別に見ると，**地下ケーブル**は3種類ある．**直埋ケーブル**は，市外線路の約半分を占め，鋼帯もしくは鉄線等で保護した上で地下に直接布設した線路である．**管路ケーブル**は，あらかじめ管路とマンホールでケーブルの設置し

2. 伝送媒体

表2.2 伝送線路の分類

導体材料別	銅，アルミ，光ファイバ
絶縁材料別	紙，PE（ポリエチレン），PEF（発泡ポリエチレン），PVC（ポリ塩化ビニール）
構造別	平行裸線，平衡ケーブル，同軸ケーブル
設置環境別	架空ケーブル，地下ケーブル(直埋，管路，洞道)，海底ケーブル
伝送特性別	市外ケーブル，市内ケーブル，加入者ケーブル

やすい場所を確保し，後でケーブルを通した線路をいい，市内の地下ケーブルはほとんどがこれに相当する．**洞道**は，最近，大都市内に多く設けられているもので，人が歩けるくらいのトンネルに棚を作って，多数のケーブルを収容できるようにした線路である．

　海底ケーブルは，波浪，漁労，船のいかり，水圧などの機械的条件，腐食，電食などの化学的条件が厳しいので，強度上の配慮が必要である．浅海部分では，特に機械的強度を増すため，外被に外装鉄線を施して保護している．また，深海部分は主に水圧に対する保護が中心で，ケーブル内の絶縁物を完全充実としたり，中継器を収容する筐体を材料的，構造的に堅牢な設計にするなど，多くの配慮がなされている．

　伝送特性別では，当然ながら加入者ケーブル，市内ケーブル，市外ケーブルの順に特性がよくなる．加入者ケーブルと市内ケーブルは通常，平衡ケーブルが用いられており，心線径 0.32，0.4，0.5，0.65，0.9 mm の線種と，3,600 対までの各種対数とが準備され，あらかじめ定められた損失内に入るように選んで使用される．市外ケーブルは，同軸ケーブルと平衡ケーブルが使用されている．同軸ケーブルはわが国の場合，CCITT 勧告に準拠した内部導体の外径が 2.6 mm，外部導体の内径が 9.5 mm の標準同軸ケーブルが非常に多く使用されている．その他，細心同軸ケーブル(内部導体の外径が 1.2 mm，外部導体の内径が 4.4 mm)も使用されている．市外用の平衡ケーブルは，心線径が 0.65 mm と 0.9 mm の 2 種類あり，音声を多重伝送するものは，特に隣接カッドのよりピッチを変えるなどして，高周波までの漏話特性の改善が図られている．

[2] 伝送特性

伝送線路の伝送特性で重要なものは，

① 伝送損失の周波数特性

② 漏話特性

である．

　伝送損失は多くの要因から成っているが，まず第一は，銅線の抵抗である．抵抗は，銅の抵抗率と心線径，長さによって決まる．そのほかに，微少ではあるが自己インダクタンス，往復線間のキャパシタンスと漏れコンダクタンスがある．平衡ケーブルでも同軸ケーブルでも伝送線路は，上記の要因がわずかながら分布された，いわゆる分布定数回路であり，伝送損失はこれを解くことによって求められる．その解析は専門書にゆずるとして，線路上を伝わる信号波の電圧 v は，次式に示すように距離 l に関し指数関数的に減衰する．

$$v = Ae^{-\alpha l} \tag{2.1}$$

ここで，A，α は定数で，特に α は**減衰定数**と呼ばれる電圧の減衰の度合いを表す重要な定数である．

　一般に伝送損失は，任意の伝送回路の入力電力 P_1 と出力電力 P_2 の比を自然対数で表す．その 1/2 を**ネーパ**（Neper，Np と略す）と呼び，伝送損失の単位として次式で表される．

$$伝送損失 = \frac{1}{2} \log_e \frac{P_1}{P_2} \;\;[\mathrm{Np}] \tag{2.2}$$

しかし，実用上は常用対数をもとにした次式で表されるデシベル（deci Bell，dB と略す）が多く用いられている．

$$伝送損失 = 10 \log_{10} \frac{P_1}{P_2} \;\;[\mathrm{dB}] \tag{2.3}$$

多数の機器（4端子網回路でケーブルも含む）を縦続接続する一般の伝送系においては，信号電力を効率よく送るため，機器間のインピーダンスを合わせること（整合）が広く行われている．この場合には，電圧比，電流比で以下のよ

うに表すことができる．

$$\text{伝送損失} = 20\log_{10}\frac{V_1}{V_2} = 20\log_{10}\frac{I_1}{I_2} \text{〔dB〕} \tag{2.4}$$

以上のことから，式(2.1)の減衰定数は単位長当たりの減衰量（ネーパ，もしくはデシベル）を示している．

α は，一般に周波数に関しては，次式のように表すことができる．

$$\alpha \fallingdotseq a\sqrt{f} + bf \text{〔dB/km〕} \tag{2.5}$$

ここで，式(2.5)の第1項は抵抗損失分，第2項は漏れ損失分であり，a と b は定数である．抵抗損失分は，導体を流れる電流が高周波になるに従って表層部に集中して流れるいわゆる**表皮効果**（skin effect）に起因するものであり，漏れ損失分は，漏れコンダクタンスが絶縁材料の損失分に起因するものである．通常は $a \gg b$ なので，かなりの高周波の場合を別にすれば，近似的には α は第1項のみとなり，第2項は無視できる．

式(2.5)は，平衡ケーブル，同軸ケーブルにかかわらず，すべての有線の銅線ケーブルに当てはまるものであり，a，b は線種により異なった値をとる．

一例として標準同軸ケーブル(2.6/9.5 mm)の場合には，周波数 f を MHz とすると，次式となる．

$$\alpha \fallingdotseq 2.3\sqrt{f} + 0.0027f \text{〔dB/km〕} \tag{2.6}$$

線路の特性インピーダンスも重要なパラメータであるが，これは単位長当たりのインダクタンスとキャパシタンスの比でほぼ決まり，線路の構造（例えば，同軸では内部導体と外部導体の直径比）に左右される．通常，通信用の同軸ケーブルでは 75 Ω，平衡ケーブルは 600 Ω，装置間同軸ケーブルには 75 Ω と 50 Ω が使われることが多い．

線路が長くなれば，それだけ信号は減衰を受けるので，ある程度の間隔で中継器を置き，信号を増幅してやることが必要となる．しかし，中継器を置くことは多くの点で複雑となり高価となるので，遠距離の場合は別として，近距離の場合には極力避けたい．そのための簡単な方法としては，

① 線路の太径化

② 装荷コイルの挿入

の2つがある.線路の太径化は説明するまでもないであろう.装荷コイルの挿入は興味深い方法で,線路の途中に適当な間隔ごとにインダクタンスを直列に挿入するわけである.これは線路のキャパシタンスとの組合せにより,本来の式(2.5)の周波数特性が大きく変化し,低周波の損失が減少する特長を生むことになる.その様子を図2.3に示す.このような目的でインダクタンスを挿入することを**装荷**(loading)と呼び,使用されるインダクタンスを**装荷コイル**(loading coil) という.

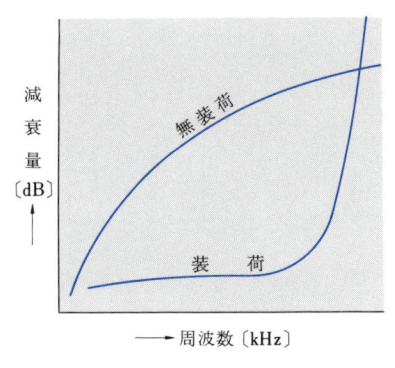

図2.3 装荷の効果

この伝送の方法は**装荷ケーブル方式**と呼ばれ,遠距離通信の際に音声伝送の周波数帯域内の減衰量を減らす効果的方法として過去には非常によく用いられてきた.しかし長所の反面,図2.3に見られるように伝送帯域外で急峻な遮断特性をもつ低域フィルタの特性をもち,またインダクタンス L を増すことにより伝搬する速度が遅くなる欠点がある.したがって,装荷ケーブルは,音声伝送のみにはよいが,多重伝送や広帯域伝送を行うときには不都合であり,現在は長距離伝送分野からほとんど姿を消し,市内など近距離の音声伝送の分野に限って使用されている.現在,実際には100 mHの装荷コイルを915 m間隔に挿入する装荷ケーブル方式がよく用いられている.

22　2. 伝送媒体

　信号を伝送する際に問題となるのが雑音で，これを極力小さく抑えることがよい品質を確保するため重要である．雑音には**熱雑音**，**ひずみ雑音**，**漏話雑音**があるが，ここでは線路で生ずる漏話雑音について述べる．

　漏話(cross talk)とは，話が漏れると書くように，もともとは隣り合った電話回線間の音声の漏れる現象をいっている．しかし，現在ではアナログとかディジタルとかを問わず，あらゆる形の電気信号が他の回線へ漏れる現象を広く漏話と呼んでいる．多くの場合，平衡ケーブルを用いるときに問題となる現象である．

　この現象は図2.4(a)に示すように，1対の平行金属導体に流した信号電流が，

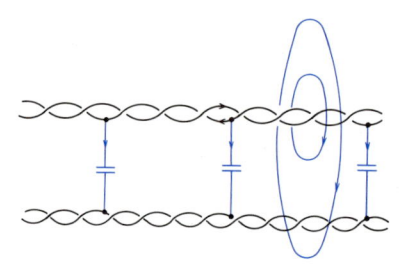

(a) 静電結合と電磁結合

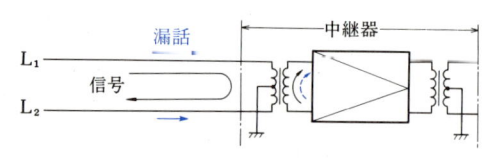

(b) 漏話の縦電流経路

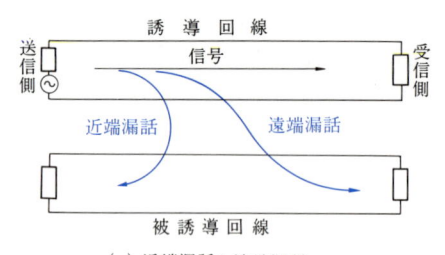

(c) 近端漏話と遠端漏話

図2.4　漏話の経路

隣接した平行金属導体に静電結合と電磁結合を通じ漏れることである．図2.4 (b)に示すように，誘導された1対の回線 L_1, L_2 には，同一方向で異なった大きさの漏話起電力が発生して線路上を流れるが，中継器入力のトランスで相殺され，実際に中継器内部に入って信号に悪影響を与えるのは，L_1, L_2 の各起電力の差分である．

このように，外部からの誘導雑音により，L_1 と L_2 に流れる電流は同方向であり，信号電流と異なる．このような電流を**縦電流**という．漏話はさらに誘導を受けた回線に入ってからは，図2.4(c)に見られるように送信側と受信側の2方向に分かれて流れる．送信側の方向にもどってくる漏話を**近端漏話**（near end cross talk），受信側の方向に行く漏話を**遠端漏話**（far end cross talk）と呼ぶ．一般に，近端漏話量のほうが遠端漏話量より線路損失がないために大きく，信号に与える妨害の度合は大きい．

同軸ケーブルは，平衡ケーブルと異なり，構造的に電磁界を外部導体内に閉じ込めているので漏話は非常に少なく，近似的には熱雑音のみの高品質ケーブルである．平衡ケーブルは単純な構造であり，漏話は避けられないが，隣接する対のよりピッチを変えれば，L_1 と L_2 に対する静電結合，電磁結合は平衡し，漏話量をかなり減らすことができる．また，ケーブルを2条とし，上りと下りの伝送方向別に各回線を分けて収容することにより，近端漏話を避けるなど，漏話軽減のための種々の対策がある．しかし，漏話は高周波になるほど大きくなるので，広帯域伝送や多重伝送を行う場合，平衡ケーブルには限度があり，同軸ケーブルを使うほうが望ましい．

2.3 光ファイバケーブル

[1] 光ファイバ通信の進歩

光を使って通信しようとするときには，まず情報の電気信号を光信号に変えなければならない．われわれの周囲には電気を光に変えるものとして，白熱電灯，蛍光灯などがあるが，通信のためには細いビーム状で輝度が大きいことと，

輝度が信号の変化に対応できることが必要で，これらの光源ではこの条件には合わない．

1960年，米国でルビーによる固体レーザが発明され，人類として初めて光の合成に成功した．通信のためには，高速の電気信号を光信号に変えることが必要で，これに合致したものとして1970年，半導体レーザが開発された．

同年，米国のガラス会社で，高透明のガラスファイバを使って光信号の伝送実験に成功した．これより，ガラスファイバによる光通信の研究が盛んになった．

その後，光ファイバに関しては微量の不純物を除去し，さらに高透明化を図る研究が進められ，レーザに関しては高信頼化，長寿命化を図る研究が進められた．1980年以降，光ファイバによる通信システムが各方面の分野で実用化され，導入されるようになった．

[2] 原理と特長

ガラスファイバは，極度に透明度を高めた石英ガラスを用い，**コア**と呼ばれる中心層と**クラッド**と呼ばれる外層の2層構造からなり，コアの屈折率をクラッドの屈折率よりやや大きくなるような材料を使う．光はコア内をクラッドとの境界で全反射を繰り返しながら進み，ファイバが多少曲げられてもある程度の屈折率差があれば，光が外に飛び出すことはない（図2.5）．つまり，光は屈折率差による全反射の性質を利用し，ガラスの中に閉じ込められて遠くへ伝わることになる．信号はガラスの中だけが光で，その両側は当然電気となり，電

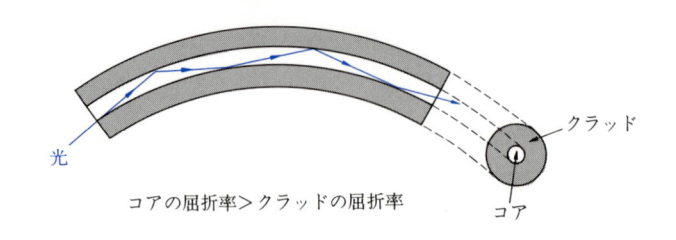

図2.5　ガラスファイバ内の光の伝搬

気と光の信号変換素子として発光素子，受光素子が必要となる．

　ガラスファイバは，従来の銅線ケーブルに比べて次に列挙するように，あらゆる面で勝っており，極めて優れた通信システムを実現することができる．

① **細　径**　　ガラスファイバは被覆され，かつ多数の心線が集合されてケーブルとなるが，ファイバそのものの外径は 0.125 mm と非常に細い．そのためケーブルにしても，通信用の標準となっている同軸ケーブルに比べて 1/20～1/30 の太さですんでいる．これは，次項の軽量という特長ともなり，従来のケーブルに比べて運搬，取扱い，布設等の点で大きく有利である．

② **軽　量**　　銅とガラスの比重差，ケーブル直径とから同軸ケーブルの 1/10～1/100 で非常に軽い．

③ **低損失**　　これは透明度に依存するものである．普通の窓ガラスで約 10 cm，光学系の良質ガラスで約 5 m で明るさが半減するが，これに対してファイバはなんと約 1～10 km である．これは，遠距離通信で重要な中継器の間隔を大きくできることになり，同軸ケーブルの場合の 10～数 10 倍になる．

④ **大容量伝送**　　帯域幅が広いので，情報をたくさん送ることができる．また，同一ファイバの上に別の波長の光を重ねて送ることもできるので，実質的な情報伝送容量は非常に大きい．

⑤ **無外来雑音**　　材料がガラスなので，雷や高圧電力線あるいは漏話などの電磁界雑音の影響を全く受けず，安定，かつ高品質の通信が可能となる．

　以上述べた特長からわかるように，光ファイバは従来の通信の主力だった同軸ケーブルより格段と優れており，あらゆる通信の分野はもちろん，構内，ビル内の通信や，自動車，航空機などの輸送機器の分野など，今後広く導入されるものと思われる．

　光通信で使われている光の波長は，図 2.6 に示すように，われわれが 7 色として見ることのできる 0.4～0.8 μm（1 μm は 1/1,000 mm）の可視光より長い 0.85～1.55 μm 帯で，近赤外線と呼ばれている見えない領域である．これは，マイクロ波よりはるかに高周波の電磁波である．現在のレーザは，周波数，位相をい

26   2. 伝送媒体

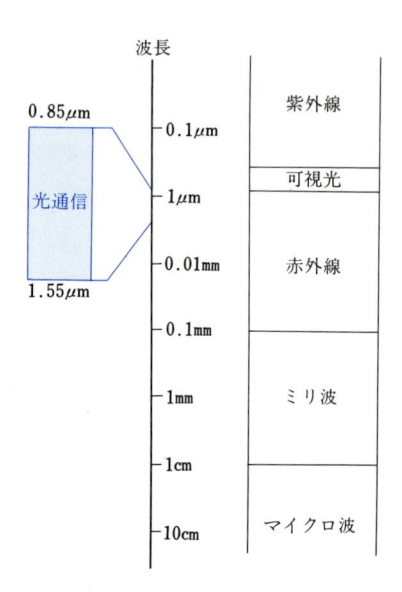

図2.6 光通信に使われる光

まだ1波に制御できず，近傍の周波数，位相成分が同時に発生するため，雑音的性質の波となっている．このため，波長相当の大容量通信はまだできないが，それでも前述したような抜群の長所をもっている．

このような光を発生させる半導体レーザは，0.3 mm 角ほどのガリウムひ素系の小さな半導体で，注入電流がある程度超えると内部発振を起こし，1つの面からシャープな光線を発生する．

[3] 種 類

光ファイバは，光ファイバを構成するガラスの材料，光を伝搬するモード，光ファイバの導波構造(屈折率分布の形)，それに製造法により，表2.3のように分類できる．

(1) コア，クラッド材料

光ファイバは材料の面から見ると，損失，伝送帯域などの伝送特性が優れて

表2.3 光ファイバの分類

コア材料別	石英系，多成分ガラス，高分子
クラッド材料別	石英系，多成分ガラス，高分子
モード数別	シングルモード，マルチモード
屈折率分布別	ステップ，グレーデッド
製造法別	CVD, VAD

いる石英系ガラスが有利で，最も多く使われている．しかし装置，機器の配線や構内など，非常に近距離の光ファイバは，あまり高度の伝送特性は必要ではなく，むしろ安価なものが望まれる．このような場合のための簡易な光ファイバとして多成分系ガラスが，また，それ以上に簡易なものとして高分子（いわゆるプラスチック）が使用される．これらは，コアとクラッドにそれぞれ何を使うかにより，多くの組合せが考えられるが，実際に使われているのは，石英系ガラス-石英系ガラス，石英系ガラス-高分子，多成分系ガラス-多成分系ガラス，高分子-高分子である．

(2) モード数，屈折率分布

一般に，光ファイバの中を伝搬できるモードの数は光の干渉性から，光の波長，コアとクラッドの屈折率差，コアの屈折率分布，コアの直径によって決まる．同時に多数のモードの光を伝搬できる光ファイバを**マルチモード**（**多モード**ともいう），1個のみのモードしか伝搬できない光ファイバを**シングルモード**（単一モードともいう）の光ファイバと呼ぶ．一般に，シングルモード光ファイバのコア径は，マルチモード光ファイバのコア径に比べると，かなり細い．

マルチモードの光ファイバは，さらにコアの屈折率分布によって**ステップ形**（**ステップインデックス**）と**グレーデッド形**（**グレーデッドインデックス**）に分類できる．これらはSI, GIと略されることもある．グレーデッド形の屈折率分布は，コアの半径方向に関し α 乗（通常は2乗）の形で変化していく．これらの伝送モードを図2.7に示す．

(3) 製造法

石英系のガラスファイバは高純度の石英ガラスを母材とし，これに屈折率を

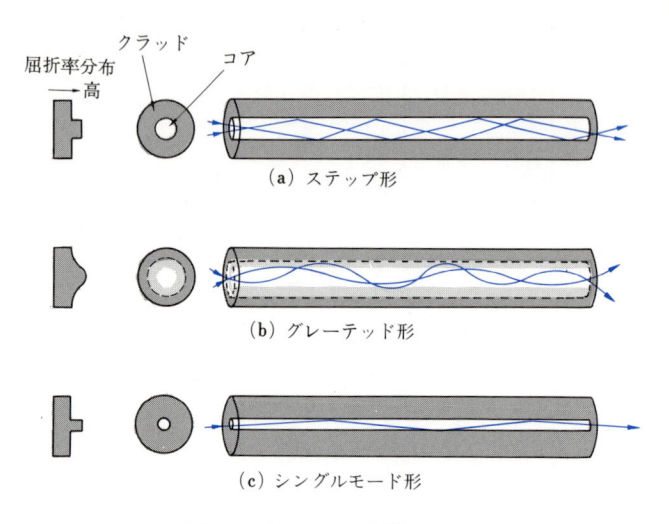

図2.7 光ファイバの伝送モード

(a) ステップ形
(b) グレーテッド形
(c) シングルモード形

変えるための混合材料としてりん，ゲルマニウムなどの酸化物を少量混入し，気相反応を使って**プリフォーム**と呼ぶファイバ母材を作る．これは太いが，すでにコアとクラッドの形が形成された素材であり，光ファイバはこれを高温で溶融して線引し，後で被覆して作る．

以上の中で製法の基本となる手法は **CVD法** と呼ばれるもので，具体的には製作工程によりさらに**外付けCVD法**，**内付けCVD法**，**VAD法**に分けられる．

[4] ケーブルの構造と接続

以上のようにして，直径 125 μm の細い光ファイバが初めに作られる．そして表面を保護するため直ちにプラスチックによる1次被覆が施され，通信用ではさらに側圧に対する保護としてのシリコン樹脂による緩衝層を設けた上で2次被覆を施し，心線と呼ばれる光ファイバができ上がる．ケーブルは，これを基本単位として集合させたものである．

表2.4には代表的な通信用光ケーブルの構造パラメータ例を示す．ファイバの外径，コア径の寸法は CCITT 標準となっており，通信用としては1本化され

2.3 光ファイバケーブル

表2.4 光ファイバケーブル構造パラメータ

項目＼種類	マルチモード	シングルモード
コ ア 径	50 μm	数 μm
ファイバ外径	125 μm	125 μm
比屈折率差	1.0 %	0.26 %
心 線 径	0.9 mm	0.9 mm

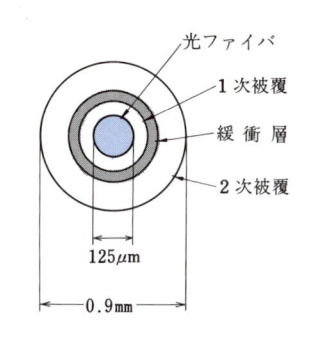

図2.8 光ファイバ心線の断面構造

ている．図2.8に，この光ファイバ心線の断面構造を示す．

　光ケーブルにするための心線の集合の方法には多くのものがあるが，基本的には図2.9 (a) ～ (c) の形が主要なものである．わが国の通信用は，図のユニット形とテープ形が多く用いられている．図の中で抗張力体とあるのは**テンションメンバ**とも呼ばれ，ケーブルの強度を大きくするための芯である．布設などのときに張力が光ファイバに直接かからないようにしたもので，鋼線か強化プラスチックでできている．

　ケーブルは細く軽いので，運搬，布設は従来に比べて容易であるが，ケーブルを長く延長するときには途中で永久接続してやる必要がある．**永久接続（スプライシング）** には種々の方法があるが，図2.10の方法が代表的である．いず

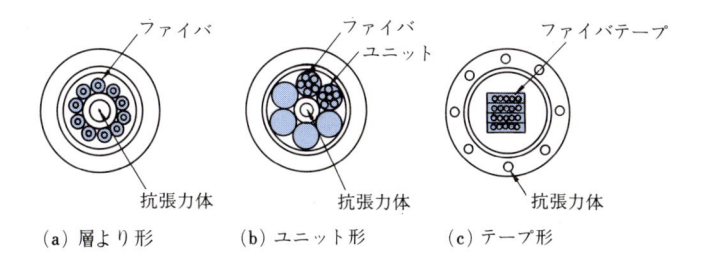

(a) 層より形　　(b) ユニット形　　(c) テープ形

図2.9 光ケーブル構造の基本型

30　2. 伝送媒体

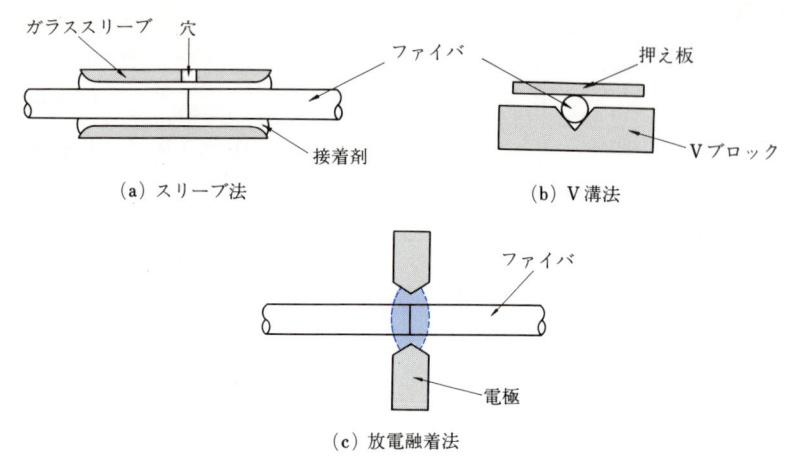

(a) スリーブ法

(b) V溝法

(c) 放電融着法

図2.10　光ファイバ接続

れも，光ファイバの中心軸を合わせるように工夫されている．図(a)，(b)は中心を合わせた後，接着剤で固着する方法で，図(c)は電極放電で加熱溶融して接続する方法である．通信用としては，接続後の損失が少なく，長期間信頼度が優れていることから，図(c)が多く用いられている．

[5] 伝送特性

　光ファイバの損失を改善することは，ガラス内に含まれる微量の不純物を除去し，透明度を上げることである．近年の長足な進歩により損失は3～5 dB/km程度まで下がり，銅線ケーブルに比べて中継器間隔のかなりの長大化が期待されるところとなった．

　石英光ファイバの波長による損失特性は，究極的には図2.11のようにレーリー散乱特性による傾斜（波長の-4乗に比例）と，石英材料特有の分子吸収特性の傾斜からなる．実際は，これに不純物が完全に除去できない分の影響が破線のように加わる．これは，水酸基（OH基）が最終的にわずかに残るからである．図からわかるように，損失が最も少ない波長は約 $1.55\,\mu\mathrm{m}$ で，そのときの損失は約 $0.2\,\mathrm{dB/km}$ である．この値は理論的な極限であるが，注意して作ればこの

2.3 光ファイバケーブル

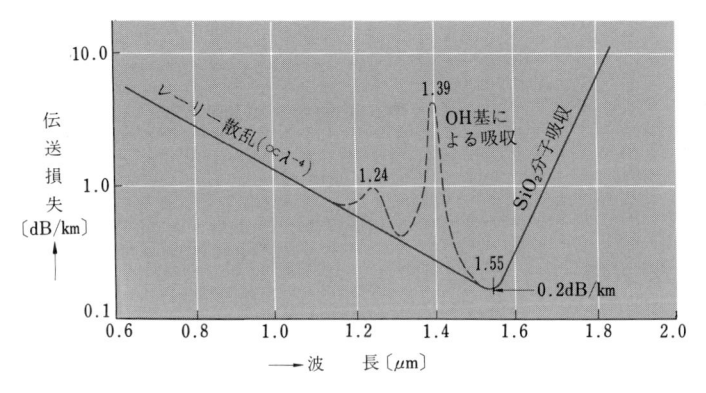

図 2.11 波長による損失特性

値近くのものが実現できる．

ところで，光ファイバに入射した光パルスは伝搬する間にパルス波形が崩れ，パルス幅が広がる現象（これを分散という）がある．これはファイバの周波数特性の面からみると，伝送周波数帯域幅を示すものと考えることができる．分散には大別するとモード分散と波長分散がある．モード分散は伝送モードの形式に影響される．これを代表的な形式である図 2.7 のマルチモードの図(a)ステップ形と図(b)グレーデッド形，そして図(c)のシングルモード形について比較してみる．図(a)のステップ形は，経路の異なるモードが多くあり，それぞれ経路長が異なるため各モードの伝搬速度に差を生じ，これが帯域制限の要因になっている．伝搬速度は屈折率に依存するが，図(b)のグレーデッド形は，光の伝搬モードがコアの中心軸から遠ざかるに従って，屈折率が 2 乗分布となっているため，周辺で伝搬速度が上がり，経路長による伝搬速度の差があまり生じない．したがって，図(a)に比べて広帯域であり，通常数百 MHz 程度の帯域が容易に確保できる．図(c)のシングルモード形は，伝搬モードが 1 つだけなので上述の問題は起こらず，最も広帯域で数十 GHz 以上である．

波長分散は使用する波長により分散量が変化することに起因する．石英(SiO_2)のファイバの場合には，分散量が最小すなわち帯域最大となる波長は，約 1.3 μm である．帯域最大の波長（約 1.3 μm）と損失最小の波長（約 1.55 μm）

のどちらの波長を使うかは目的によるが，陸上の場合には広帯域，大容量伝送に重点を置き，1.3 μm 近傍の波長がよく用いられ，海底の場合には中継器の間隔を極力長大化できる 1.55 μm 近傍の波長がよく用いられている．最近では，屈折率分布を変化させて分散特性を変え，最低損失の波長 1.55 μm で分散零，すなわち帯域最大とすることが可能となってきたので，1.55 μm 近傍を使用することが多くなってきた．このようなファイバを，**分散シフトファイバ**と呼ぶ．

シングルモードファイバは，このように最も伝送特性の優れたファイバであるが，反面，コアが数 μm と細いため製法に特別の注意が必要である．また，永久接続もマルチモードに比べて難しくなり，取り外しと取り付けの容易なコネクタによる接続も，やや高度なものになる欠点がある．このため，通常の通信用としては，長距離，大容量の基幹回線用にシングルモード形が用いられ，その他は安価で簡易なグレーデッド形が多く用いられる．なお，ステップ形は初期の光伝送で使われたが，ファイバ製造技術の進歩により，急速に低価格化が進み，最近の傾向として，性能の良いグレーデッド形，さらにシングルモード形が多く用いられる状況になっている．

以上述べたように，光ファイバの特性は，損失，伝送帯域とも銅線ケーブルに比べて格段に優れており，その他の面でも無漏話，無誘導雑音など優れた点が多い．強いて欠点を探せば，側圧に弱いこと，湿度に注意を要すること，曲げにはある程度の余裕が必要であることくらいである．

2.4 電波伝搬

無線通信の場合の伝送媒体は空間で，実際には情報信号を高周波にのせてアンテナから電磁波として放射し，受信点ではその逆を行うことにより通信が達成される．したがって，有線通信の場合のような人工の伝送媒体は何もないので，どこにでも通信することができ，システム設計の自由度は非常に大きいといえる．人，車，航空機，船などの移動物体を対象とした移動通信，宇宙空間を利用する衛星通信は，最も無線通信にふさわしい通信システムである．

[1] 電波の性質

電波の伝搬速度は光速に等しく,約 $3×10^8$ m/s で,自由空間における周波数 f と波長 λ の関係は,次式のようになる.ここで,c は光速である.

$$\lambda = \frac{c}{f} \tag{2.7}$$

電波がアンテナから放射されると,そのエネルギーは遠くに行くに従って弱まるが,その弱まり方は,エネルギーを P,距離を d とすれば,次式のように距離の2乗に反比例する.

$$P \propto \frac{1}{d^2} \tag{2.8}$$

電界強度 E 〔V/m〕は,電波の強さを表す尺度としてよく用いられている.これは,電界中に単位長 (1 m) の導線を電界と並行に置いたとき,これに誘導する電圧 E 〔V〕で表したものである.

上述の電波の弱まり方を電界強度 E で表現すると,次式のようになる.

$$E \propto \frac{1}{d} \tag{2.9}$$

有線の場合では,例えば電圧が 10 km で 1/10 になるものとすれば,20 km では 1/100,30 km では 1/1,000 というように減衰するが,自由空間は無損失なので無線では距離が 10 倍になるごとに電界強度は 1/10 となる.このように,両者の距離による減衰特性は,かなり異なる.これとは別に,電波は気象と周波数により減衰量が変化する点に注意を要する(後述).

次に重要な電波の性質に,干渉,回折,指向性がある.**干渉**は,直接波に周囲からの反射波が加わることによって起こる.この2つの波の重なり合いは,両者の位相関係により電波の強弱を引き起こす.電波は直進するが,受信地点が送信地点より見通せなくとも,わずかではあるが障害物の裏側に回り込む.これが**回折現象**であり,見通し範囲に比べてかなり減衰する.

また電波は,波長に比べて大きなアンテナを用いれば,鋭い**指向性**をもつ電波を出すことができる.これは原理的にはレンズと同じで,特定の方向にだけ電波のエネルギーをしぼって放射するので,固定地点間の通信では効率を上げ

るため通常利用される重要な性質である．

[2] 伝搬モード

電波は進路の媒質によって種々の影響を受ける．地球上の電波伝搬のモードは，図 2.12 のような分類ができる．直接波，反射波，地表波は地上波としてまとめることができ，その伝搬は**対流圏伝搬**と呼ばれている．これは地球の表面と大気の影響を受けるが，減衰に応じて途中に中継器を置き増幅してやれば，長距離にわたって比較的安定な通信ができる．これは，広い周波数領域で固定の多重通信などに使われており，最も利用度の高い伝搬モードである．

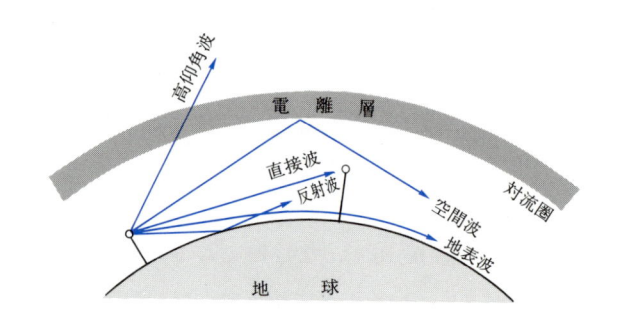

図 2.12　電波の伝搬モード

地球上には 80〜300 km の間にわたっていくつかの**電離層**と呼ばれる層があり，電波が一部反射される．この電離層には自由電子が存在し，昼夜により密度が変化する．中波，短波の電波はこの電離層の影響を強く受け，反射や減衰の現象となって現れる．地球と電離層により，反射を繰り返しながら遠距離に伝搬するモードが，**電離層伝搬モード**である．これは，地球の裏側まで通信することのできる点では貴重なモードである．しかし，もっと周波数の高いマイクロ波などでは，この影響を受けずに電離層を突き抜けてしまうことになる．これが**高仰角伝搬モード**で，衛星通信に欠かせない重要モードである．

[3] 種類と特徴

電波は，周波数により多くの種類に分けることができる．電波は電波法では3×10^6 MHz 以下の電磁波と規定され，国際的に周波数帯の名称が定められている．一般に，短波以下は電離層伝搬モードで，船舶，放送関係に使用される．VHF 帯以上では，電波はしだいに光の性質に近づき，指向性が強く，かつ帯域幅も広くとれるようになるので，固定多重通信や移動通信，TV 放送に利用されている．

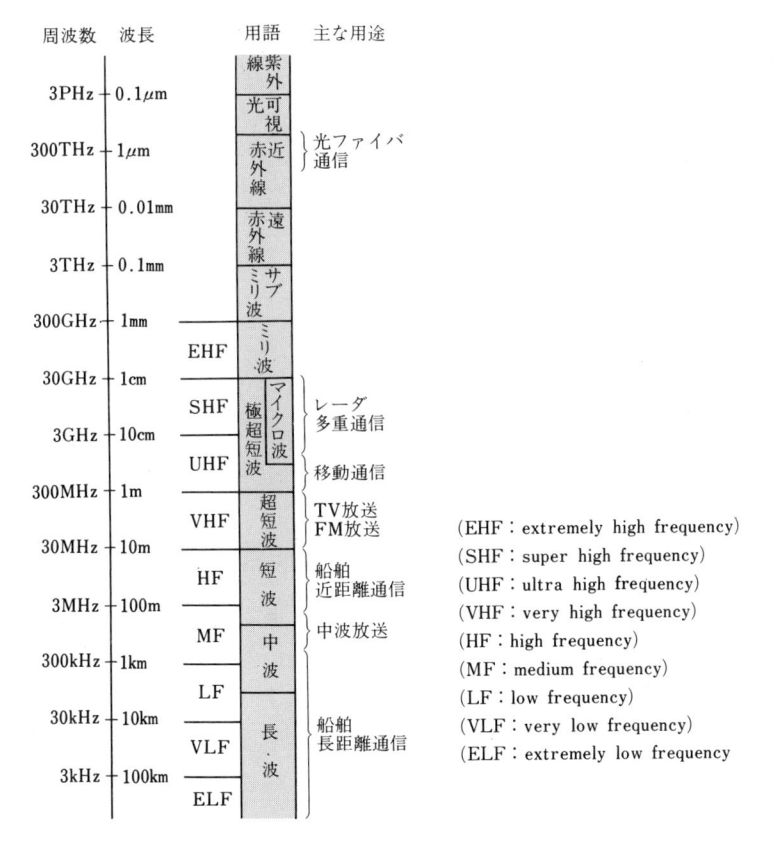

周波数	波長	用語		主な用途
3 PHz	0.1 μm		紫外線	
			可視光	} 光ファイバ通信
300 THz	1 μm		近赤外線	
30 THz	0.01 mm			
			遠赤外線	
3 THz	0.1 mm		サブミリ波	
300 GHz	1 mm		ミリ波	
30 GHz	1 cm	EHF		
		SHF	マイクロ波 極超短波	レーダ 多重通信
3 GHz	10 cm			
		UHF		移動通信
300 MHz	1 m			
		VHF	超短波	TV 放送 FM 放送
30 MHz	10 m			
		HF	短波	船舶 近距離通信
3 MHz	100 m			
		MF	中波	中波放送
300 kHz	1 km			
		LF		
30 kHz	10 km			船舶 長距離通信
		VLF	長波	
3 kHz	100 km			
		ELF		

(EHF：extremely high frequency)
(SHF：super high frequency)
(UHF：ultra high frequency)
(VHF：very high frequency)
(HF：high frequency)
(MF：medium frequency)
(LF：low frequency)
(VLF：very low frequency)
(ELF：extremely low frequency)

図 2.13　電波の種類

36　2. 伝送媒体

SHF帯のマイクロ波では，見通し内の大容量の多重通信，レーダ，衛星通信に用いられている．10 GHz以上になると雨や霧の影響を受けて減衰が大きくなり，さらに周波数が高くなると大気内の酸素などの分子吸収の影響も大きく受けるようになる．このため，大気中の電波伝搬としては非常に困難になるので，30 GHz以上はほとんど利用されていない．

以上の模様を図2.13に示す．なお，この図では電波伝搬とは異なるが，光ファイバ通信に使われている光波を参考までに示しておいた．

電波は地球上の有限な資産であり，また他への干渉妨害もあるので，電波利用の適正化のため法律により，周波数，電力などについて規制がある．また，有線と比べて特に注意することとして，利用に当たり極力使用周波数帯域を小さくすることが望まれている．

[4] アンテナ

アンテナは，電気エネルギーと電波エネルギーの相互変換器である．特性としては変換効率が当然ながら最も重要であり，さらに固定通信のためには電波が受信点に集中するようにする指向性が重要である．

アンテナの形態は，電波を放送のように散布するのか，あるいは固定通信のように特定方向のみに集中させるのかにより異なる．また，使用周波数によっても異なる．一般的には，マイクロ波以下では線状アンテナが，以上では開口面アンテナが多く用いられている．

図2.14に代表的な各種アンテナを示す．図(a)，(b)は中波放送でよく用いられており，図(b)では塔自身がアンテナ本体になっている．図(c)はテレビ放送の受信用として広く用いられている．図(d)は開口面アンテナの中で有名な**パラボラアンテナ**であり，マイクロ波に広く用いられている．これは，電波の放射器を放物面の焦点に置き，ここから出た電波を放物面の反射鏡で反射させ，一方向のみの平面波を得るようにしたもので，広帯域で鋭い指向性が得られる特長がある．

2.4 電波伝搬

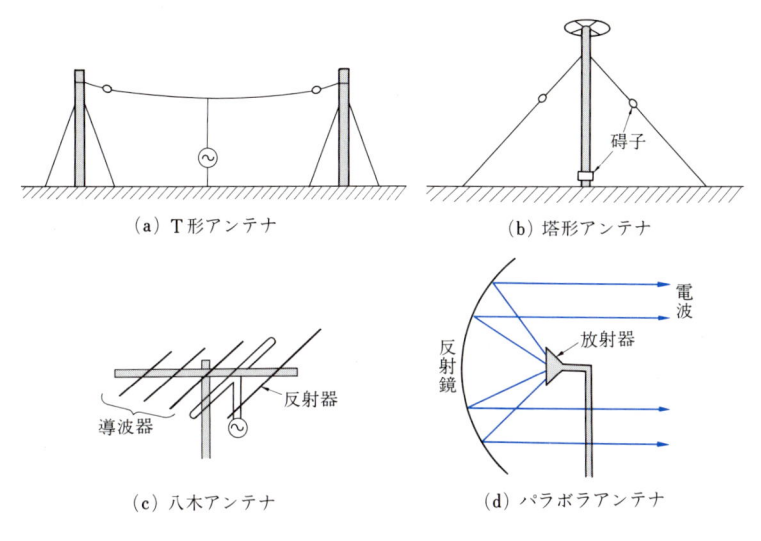

(a) T形アンテナ

(b) 塔形アンテナ　碍子

(c) 八木アンテナ　導波器　反射器

(d) パラボラアンテナ　反射鏡　放射器　電波

図2.14　各種アンテナ

3 信号の処理

3.1 概　要

　情報信号を遠くに送るときには通常，変調，多重化の信号処理を行っている．すなわち，無線では，信号を電磁波の形で伝搬させるために，伝搬しやすい高周波に信号をのせて送らなければならない．有線では，信号を何も処理せずそのまま送ることが可能である．しかし，一般に有線の設備は無線と異なり，建設費と保守費が高額で，1人分のみの伝送は高価になるので，通常は多重化により多重利用している．多重化のためには，やはり別々の信号を多くの高周波にのせてやることが必要である．

　このように高周波に信号をのせることを**変調**（modulation）と呼び，その高周波を**搬送波**（carrier wave）と呼んでいる．この変調や搬送波をわかりやすく交通に例えると，用事で東京から大阪へ行く人（情報信号）は1人で歩いても行けるが，普通は航空機，新幹線，または自動車などの乗物（搬送波）に乗って行くことに相当する．

　変調の方法としては，次に示すように種々の方式がある．

$$
\text{アナログ変調方式}
\begin{cases}
\text{a. 振幅変調（AM）} \\
\text{b. 角度変調}
\begin{cases}
\text{周波数変調（FM）} \\
\text{位相変調（PM）}
\end{cases} \\
\text{c. パルス変調}
\end{cases}
$$

ディジタル変調方式 ─┬─ a. パルス符号変調（PCM）
　　　　　　　　　　├─ b. 定差変調（デルタ変調）（DM, $\varDelta$M）
　　　　　　　　　　├─ c. 差分パルス符号変調（DPCM）
　　　　　　　　　　└─ d. 適応差分パルス符号変調（ADPCM）

アナログ変調方式は，大別するとa, bが高周波の正弦波を搬送波とし，連続的に変調するのに対し，cは高周波パルスを搬送波とする離散的変調方式である．PCMで代表されるディジタル変調方式は，上述のパルス変調方式にさらに量子化，2進符号化を加えたもので，振幅値をも離散化しており，アナログ変調方式a, bから見れば極度に信号を処理した方式といえる．それだけに，伝送特性として種々の特長をもっている．また，ディジタル変調方式は近年著しく進歩し，高能率な方式が多く開発されている．これらについては，次節以降で順次詳しく述べる．

多重化は，長距離伝送において多量の情報の同時伝送，いわゆる**大容量伝送**のために，また伝送コストの節減のために必要な伝送技術である．多重伝送の方法には，

① 空間分割
② 周波数分割
③ 時分割

の3種類がある．

空間分割は，A地点からB地点にN回線必要なときは，その数だけの線を空間的，物理的にA・B間に設置することである（上り，下り別にすれば$2N$対となる）．これは最も単純な方法であるが，線の数が多くなり効率はよくない．

周波数分割多重，**時分割多重**は，それぞれ周波数領域，時間領域を分割し，**通話路**（チャネル；channel）を設定するもので，図3.1にその様子を示す．通常，周波数分割多重は振幅変調を基礎とし，各チャネルの信号のスペクトルが重ならない程度に周波数をずらして配列するものである．時間割多重は，細くした各チャネルの信号パルスを時間的にずらして配列し，一定間隔（フレーム）ごとに同一チャネルを繰り返すものである（図ではフレームを省略してい

3.2 振幅変調

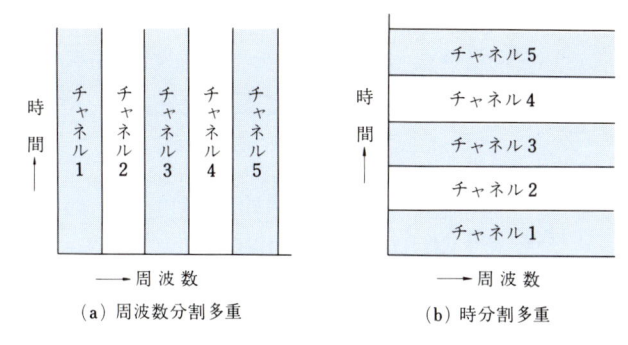

図3.1 多重化の種類

(a) 周波数分割多重　　(b) 時分割多重

る．後の 3.7 節に詳述）．このため，受信側の分離の際に誤らないようにするための同期技術が重要な要素技術となっている．通常のケーブルを用いた多重伝送方式は，周波数多重か時分割多重の何れかと，空間分割とを併用した形態を使用している．

3.2 振幅変調

搬送波 $u(t)$ を正弦波で表し，

$$u(t) = A\cos(2\pi f_c t + \varphi) \tag{3.1}$$

とすれば，搬送周波数（carrier frequency）は f_c である．ここで情報信号 $s(t)$ により搬送波を変調する場合には，振幅 A，搬送周波数 f_c，位相 φ のいずれかを $s(t)$ に応じて変化させてやればよい．A を変えるのが**振幅変調**で，f_c を変えるのが**周波数変調**であり，φ を変えるのが**位相変調**である．

振幅変調（amplitude modulation）は通常 **AM** と呼ばれ，現在，ラジオ，テレビ，および過去の電話の多重通信に広く使われている方式である．いま，変調信号 $s(t)$ を簡単のため

$$s(t) = B\cos(2\pi f_s t) \tag{3.2}$$

で表される正弦波とし，これで式(3.1)の $u(t)$ を変調する場合を考えると，振幅変調された波 $v(t)$ は次式となり，この模様を図に示すと図3.2のようになる．

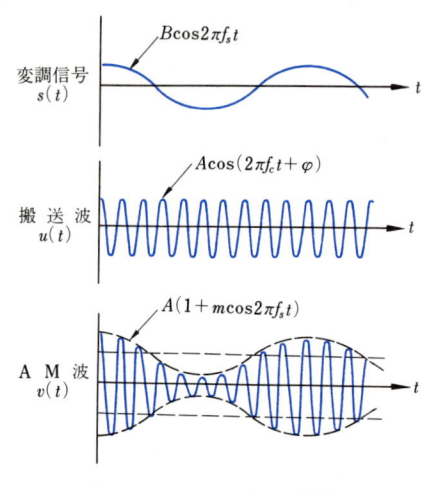

図3.2 振幅変調の波形

$$v(t) = \{A + B\cos(2\pi f_s t)\}\cos(2\pi f_c t + \varphi)$$
$$= A\{1 + m\cos(2\pi f_s t)\}\cos(2\pi f_c t + \varphi) \tag{3.3}$$

ここに $m = B/A$ で，これを**変調度**という．これを展開すると，次式のように表される．

$$v(t) = A[\cos(2\pi f_c t + \varphi) + \frac{m}{2}\cos\{2\pi(f_c + f_s)t + \varphi\}$$
$$+ \frac{m}{2}\cos\{2\pi(f_c - f_s)t + \varphi\}] \tag{3.4}$$

ここで，第1項は搬送波そのものであるが，第2項と第3項は振幅変調により新たに生じた項で，第2項の $(f_c + f_s)$ を**上側波帯** (upper sideband)，第3項の $(f_c - f_s)$ を**下側波帯** (lower sideband) と呼んでいる．m は $m > 1$ になると過度の変調となりひずみを生ずるので，通常は $m \leq 1$ とすることが必要である．

振幅変調された波 $v(t)$ の周波数スペクトルを，図3.3(a)に示す．ここでは，参考のため変調信号 $s(t)$ もあわせて示す．また，変調信号が1つの正弦波でなく，スペクトルが $f_a \sim f_b$ の間に広がりをもつ場合には，図(b)のようにAM波は $(f_c \pm f_b)$ の間に分布するので，必要周波数帯域は $2f_b$ となる．

3.2 振幅変調

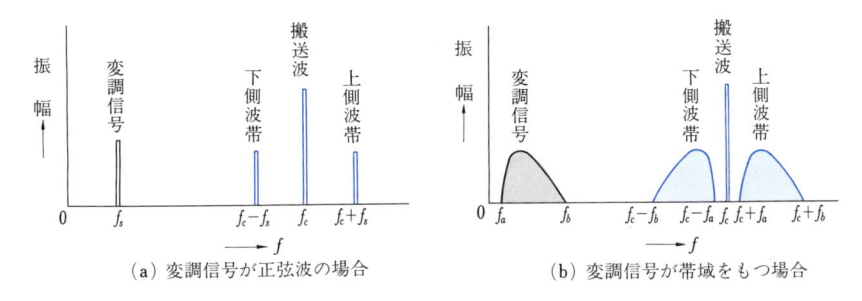

図3.3 被変調波のスペクトル
(a) 変調信号が正弦波の場合
(b) 変調信号が帯域をもつ場合

このような，上，下の両側波帯をすべて伝送する方式を**両側波帯変調**（both sideband；**BSB**，または double sideband；**DSB**）**方式**と呼ぶ．

次に，伝送効率をもっと高める方法について考えてみる．まず，搬送波そのものは変調した後は必ずしも必要なものではない．むしろ送信電力から考えると，搬送波の電力が大きいので，送信機の負担が大きく除去することが望ましい．さらに，図 3.3(b) の上・下側波帯は搬送波を中心に対称形となっており，いずれか一方のみを伝送することも可能である．これを**単側波帯変調**（single sideband；**SSB**）**方式**と呼び，BSB の 1/2 の帯域ですむ利点があり，電話の多重伝送では非常によく用いられている．SSB は BSB のどちらかの側波帯を帯域フィルタで取り出すことにより得られる．

電話音声は所要伝送帯域が 0.3〜3.4 kHz とされており，図 3.3 の f_a〜f_b に対応するが，f_c との間が 0.3 kHz あるので帯域フィルタの設計は多少余裕をもってできる．しかし，テレビ信号のように直流から 4.3 MHz に広がっているものについては，SSB は不可能である．そのため，テレビでは SSB と BSB の中間的存在の**残留側波帯**（vestigial sideband；**VSB**）**方式**が多く使われている．

AM 波から元の信号にもどすことを，**復調**（demodulation）または**検波**（detection）という．受信側で送信側において使用した搬送波と同一の周波数の波を独立に用意し，これと信号の乗積を求めてやれば，出力にもとの信号スペクトル成分を含むので，フィルタにより取り出すことができる．このような方

法を**同期復調**,または**同期検波**と呼び,広く用いられている.BSBの場合には図3.2からわかるように,包絡線がもとの信号なので整流し,低域フィルタで搬送波を除去してやれば,もとの信号を得ることができる.このような方法を**包絡線復調**,または**包絡線検波**と呼び,受信機が簡単になるのでBSBはラジオ放送に広く用いられている.

3.3 周波数変調と位相変調

3.2節で説明したように,情報信号により式(3.1)の周波数 f_c を変化させるのが**周波数変調**(frequency modulation;**FM**)で,位相 φ を変化させるのが**位相変調**(phase modulation;**PM**)である.両変調方式はこれから述べるように密接な関係があり,かつともに式(3.1)の瞬時位相角 $(2\pi f_c t + \varphi)$ を変化させるので,両変調を統合し**角度変調**(angle modulation)と呼ぶことがある.

まず,周波数変調について考えてみる.式(3.1)において,瞬時位相角を

$$\theta(t) = \omega_c t + \varphi(t) \tag{3.5}$$

とおき,その微分をとると,次の瞬時角周波数となる.

$$\frac{d\theta(t)}{dt} = \omega_c + \frac{d\varphi(t)}{dt} \tag{3.6}$$

FMは瞬時角周波数を送りたい信号 $s(t)$ により変化させるものである.すなわち,

$$\frac{d\theta(t)}{dt} = \omega_c + k_F s(t) \tag{3.7}$$

ここで k_F はシステムによって決まる定数である.したがって,FM波 $f(t)$ は次式のように表される.

$$f(t) = A \cos\left(\omega_c t + k_F \int_0^t s(t) dt\right) \tag{3.8}$$

特に変調信号が正弦波の場合で,式(3.2)のように表される場合には,

$$f(t) = A \cos\left(\omega_c t + \varphi_0 + B \frac{k_F}{\omega_s} \sin \omega_s t\right) \tag{3.9}$$

となる．$B\dfrac{k_F}{\omega_s}$ を**変調指数**（modulation index）と呼ぶ．

次に，位相変調について考えてみる．位相変調は瞬時位相角が，
$$\theta(t) = \omega_c t + k_p s(t) \tag{3.10}$$
のような変化をする変調方式である．PM波 $f(t)$ は，次式のように表せる．
$$f(t) = A\cos\{\omega_c t + k_p s(t)\} \tag{3.11}$$
ここで，$s(t)$ が式(3.2)の正弦波の場合には，
$$f(t) = A\cos(\omega_c t + Bk_p \cos\omega_s t) \tag{3.12}$$
となる．ここで k_p はシステムにより決まる定数である．PMでは変調指数は Bk_p である．

ここでFMとPMの比較を考える．式(3.8)と式(3.11)を比較すると，両式の違いは $s(t)$ が積分されているか，されていないかである．すなわち，変調信号 $s(t)$ を積分し位相変調とすることは，$s(t)$ を直接周波数変調するのと同じである．逆に，変調信号 $s(t)$ を微分した信号を周波数変調すれば，$s(t)$ を位相変調したことになる．つまり，FMとPMは変調信号の微分，積分で関係しているだけで，両者を原理的に特に区別する必要はない．図3.4は両者の波形を示したものであるが，これからわかるように非常に似ている．

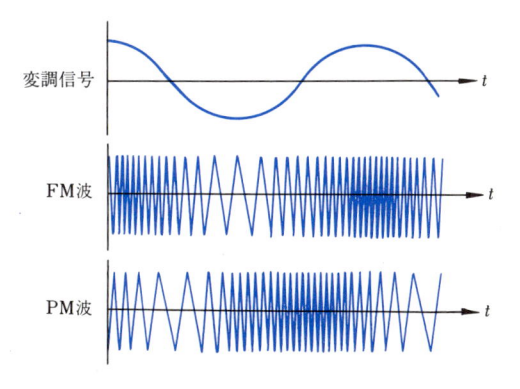

図3.4　周波数変調と位相変調の波形

FM波，PM波のスペクトルは，最も簡単な変調信号が正弦波の場合でも式(3.9)，式(3.12)から求めることになるが，Bessel関数で展開しなければならず，非常に複雑である．これらのスペクトルは理論的には無限の周波数までの広がりをもつが，実際上は近似的に有限値として扱っている．

例えばFMの場合，占有帯域幅は変調指数が0.5以下と小さいなら$2f_s$となり，AM波(BSB)と同じになるが，変調指数が∞と大きくなれば$2f_m$に収れんする．一般に，f_mはf_sより大きく，したがって変調指数が大きく，AMより広い伝送帯域を必要とする．しかし，そのために信号対雑音比(S/N)は改善されるという利点があり，マイクロ波などの無線通信ではFMが広く用いられている．

角度変調波の復調は，周波数，あるいは位相の変化を信号の振幅の変化に変換させることが必要で，そのため**周波数弁別器**(frequency discriminator)と呼ばれる回路が使われている．

3.4 パルス変調

これまでの変調は，搬送波に正弦波を用いていた．これから述べる**パルス変調**は，搬送波としてパルス列を用いるものである．パルス変調はそれ自体で使用されることは少ないが，次節で述べる重要なディジタル変調方式の前段階として，その基礎をなす重要な変調方式である．

パルス変調方式は多くの種類に分けられるが，共通して非常に重要な基礎的定理に**標本化定理**と呼ばれるものがある．これは，ある信号波形を伝送しようとするとき，すべての波形を送らず，ある間隔ごとの信号の値のみ送れば，受信側でもとの波形を再現できるというものである．このある間隔ごとの信号の値を**標本値**といい，その間隔は，その信号に含まれている最高の周波数成分の逆数のさらに1/2以下というものである．受信側で標本値からもとの波形に復元させるには，前述の最高周波数を遮断周波数とする低域フィルタを通せばよい．標本化定理はディジタル通信の基礎となるものであるが，より詳しく説明

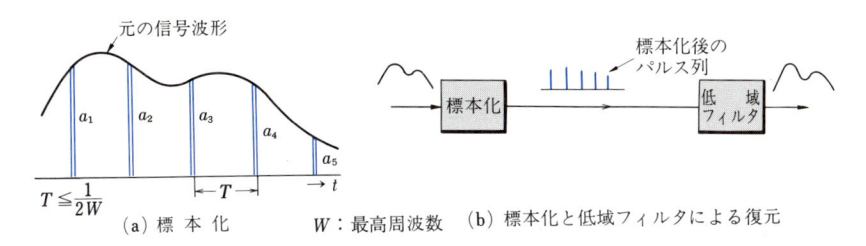

図 3.5 標本化定理

しようとすれば数式的扱いが必要となり複雑となるので，ここではこれを避け，これまで述べた説明を図 3.5 にまとめておく．

パルス変調方式には，次に示すような各種の方式がある．

① パルス振幅変調 (pulse ampulitude modulation；**PAM**)
② パルス幅変調 (pulse width modulation；**PWM**)
③ パルス位置（位相）変調 (pulse position (phase) modulation；**PPM**)
④ パルス周波数変調 (pulse frequency modulation；**PFM**)

これらは，図 3.6 に示すように標本化されたパルスの振幅を，それぞれ振幅 (PAM)，パルス幅 (PWM)，パルス位置（位相）(PPM)，パルス周波数 (PFM) に比例して変化させている*．これからわかるように，PAM は標本化後のパルス列そのものであり，他は振幅一定で時間軸で変化させたものとなっている．

一般に，パルスはそのスペクトルが無限の周波数まで広がっており，高周波のスペクトルがかなり振幅が小さいことから，帯域を有限値で近似するとしてもかなりの広帯域である．また，伝送路の周波数特性が低域フィルタの傾向をもっていることを考慮すると，ひずみが大きく，各標本値振幅の忠実な伝送は非常に難しい．また図からわかるように，エネルギーとしても波形のほんの一部のみ送るので，伝送効率はよくない．

このようなことから，以上述べた各方式で通信を行うことは一応可能である

---

*ここでは PFM は PPM と相似なので省略した．

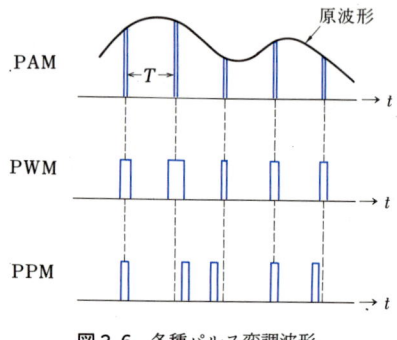

図3.6　各種パルス変調波形

が，一部の特殊な用途*を除き実用性はない．PAMはむしろ次節で述べるPCMの前処理操作としての意味が大きく，実際にPCMの中で使用されている．

3.5　ディジタル変調

　前節で述べたパルス変調方式は，情報信号によって変化する要素がパルス振幅，パルス幅，パルス位置などの違いはあっても，標本化した波形の振幅値に忠実に比例している点が共通であった．これらは，パルスという意味で特殊な変調ではあるが，間違いなくアナログ変調である．

　ディジタルとは，情報をもつ振幅値を有限ないくつかの値（離散値）に限定することで，つまり四捨五入によりまるめることを意味する．当然，情報はひずむことになるが，有限離散値を品質上問題がない程度に細かくきざみ，多くの値をとることとすれば実用的に問題にはならない．信号にこのような操作を施すことを，**量子化**（quantizing）という．図3.7には量子化の模様を示す．すなわち，図3.7(a)に示す原信号波形を図(b)のように標本化し，その後，この

---

*後述の光ファイバ伝送ではPPM，PFMが多少使用されている．

3.5 ディジタル変調

(a) 原信号波形

(b) PAM パルス波形

(c) 量子化の入出力特性

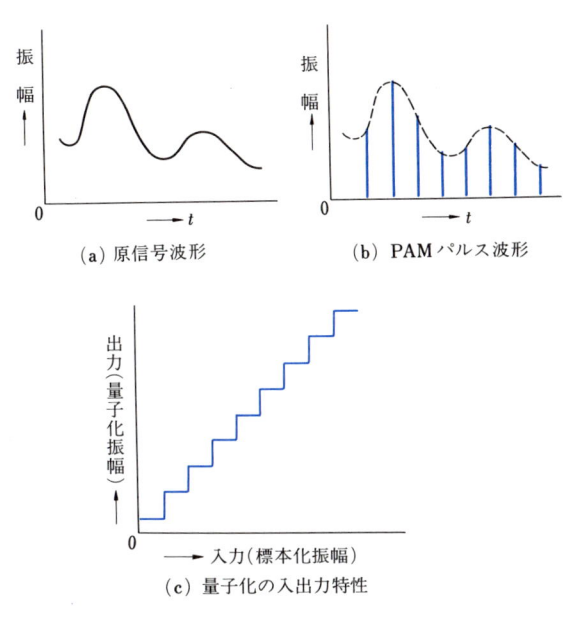

図 3.7　量子化

表 3.1

量子化振幅	2進符号	パルス波形
0	0 0 0	
1	0 0 1	
2	0 1 0	
3	0 1 1	
4	1 0 0	
5	1 0 1	
6	1 1 0	
7	1 1 1	

　標本化パルスを図 (c) の入出力特性をもつ量子化器に入力して量子化すれば，量子化されたパルスが得られる．

　量子化されたパルスは通常，2進符号のパルス波に変換した上で伝送路に伝送される．2進符号に変換することを**符号化** (coding) という．表 3.1 に量子化

振幅と 2 進符号，そしてパルス波形の対応関係の一例を，簡単のため狭い範囲で示す．

2 進符号で示した情報の単位は，通常**ビット**（bit*）が使用される．表 3.1 の例は 3 bit であり，2^3 個の振幅値が表現できる．このようにして得られた信号は，図 3.8 に示すように "1" か "0" のみで表示された電気信号となる．

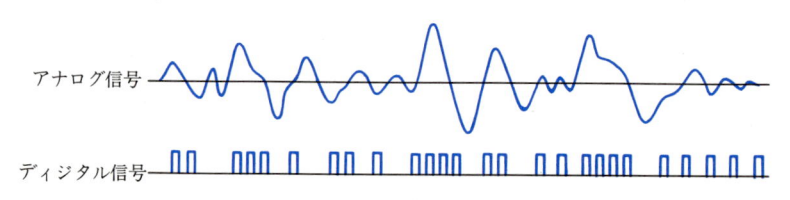

図 3.8 ディジタル信号波形

以上に述べたディジタル変調方式を，**パルス符号変調**（pulse code modulation；**PCM**）という．図 3.9 に，PCM の原理を信号処理の流れで示す．実際の場合の量子化は，符号器の中で符号化と同時にまとめて処理されている．

PCM は，AM や FM，PM のようなアナログの連続波による変調方式とはまったく異なり，PAM，PPM のような時間的に離散値を送るパルス変調方式とも異なっている．PCM は PAM 波を，さらに有限の振幅で離散化し，さらにこの振幅値を時間方向に 2 値で表現する非常に革新的な変調方式である．アナログ信号は無限の振幅値からなっているが，それを電気信号の "有"，"無" の 2 値のディジタル信号で表すことになるので，雑音に強いほか，伝送路の受信側でのレベル変動(4.2 節で詳述)がないなど優れた伝送特性をもっている．

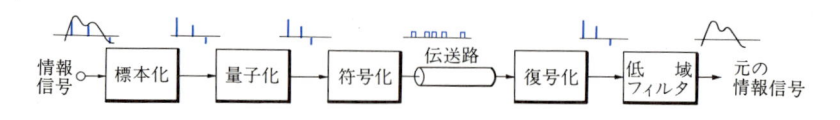

図 3.9 PCM の信号処理の流れ

* binary digit の略．

3.5 ディジタル変調

一方，PCMの欠点は，図3.10に示すような量子化の際に生ずる**ひずみ雑音**（**量子化雑音**）と，パルス伝送となるので広大な伝送周波数帯域を必要とすることである．量子化雑音を小さくするためには，図3.7の階段数を多くすればよい．量子化ステップ（階段）の数Nは，2進符号化のbit数nと次の関係がある．

$$N = 2^n$$

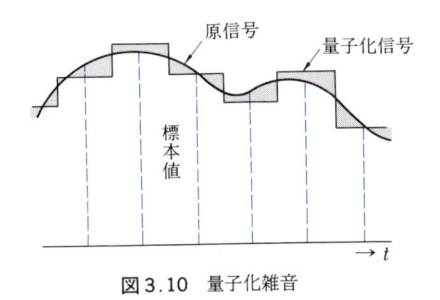

図3.10 量子化雑音

表3.2 電話音声のPCM

項　　目	数　　値
伝送周波数帯域	0.3～3.4 kHz
標本化周波数	8 kHz
符号化ビット数	8 bit
伝送速度	64 kbit/s

公衆通信の主体を占める電話音声の場合を例にとると，標本化周波数は標本化定理により伝送帯域の最高周波数の2倍でよいが，装置の簡易化のため余裕をとって8 kHzとし，符号化は8 bit，つまり256ステップの量子化を行っている．6 bitぐらいでも量子化雑音は聞いてもわからないので，十分余裕のある値である．その結果，表3.2のように伝送路上での2値のディジタル信号は，1秒間に64 kbit（8 bit×8 kHz）を伝送することになる．これは1チャネル当たりであり，多くの場合，多重伝送を行うので，64 kbit/sのさらにチャネル数分だけ乗算されたものが実際の伝送速度となっている．

量子化ステップの大きさは，入力となる情報信号の振幅の大きさが大きくても小さくても一定であるので，小さな信号振幅に対しては信号対雑音比が当然悪くなる．また，小さな信号振幅は，発生確率が高いので問題となる．そこで，小さな信号振幅に対しては量子化を細かく，大きい振幅では粗く対応することができれば，全体の信号対雑音比は改善される．そのためには，非直線の量子

化を行うことが必要である．これを等価的に実現するには送信側で量子化の前に信号を圧縮し，受信側では複合化後に信号を伸長してやればよい．このような処理を**圧伸**といい，機器を**圧伸器**（compandor*）という．

図 3.11 は，送信側の圧縮器と受信側の伸長器との両者の入出力特性を重ねて示したもので，両特性の乗積が点線で示す総合の入出力特性となっている．両特性とも個別では非線形であるが，互いに逆数の関数関係になっていれば総合特性は線形となり，非直線ひずみを生じない．圧伸の入出力特性は，音声の統計的性質から対数曲線がよく用いられている．このような圧伸は，S/N 向上の上で非常に効果が大きいので，現在広く用いられている．

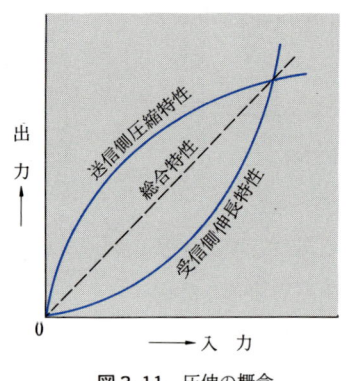

図 3.11　圧伸の概念

2 値の信号伝送が広大な伝送周波数帯域を必要とする欠点は，どうしようもないものである．情報理論によれば，本来，伝送周波数帯域と信号対雑音比の関係は背反的なもので，片方をよくすればもう片方は必ず悪くなる性質をもっている．つまり PCM は伝送帯域では短所をもつものの，信号対雑音比では大きな特長をもっており，実際の適用に当たってはこの長所が上手に生かせるようにすることが大切である．最近は，光ファイバ伝送の発展で，広帯域性が大き

＊ compressor と expandor の合成語．

3.5 ディジタル変調

な短所とならなくなったことは注目されよう.

PCM は 1937 年,イギリス人の A.H. Reeves によって発明された変調方式であるが,当時は実現技術をもたなかったため実際には使われなかった.それが 1960 年頃から半導体技術,パルス技術の進歩が基盤となって研究が活発化し,公衆通信で盛んに実用化されるようになった.最近は半導体技術が IC から LSI へ,パルス技術が広範囲の内容をもつディジタル技術へ,そして新たに光ファイバ伝送が登場し,PCM はこれらの相乗効果が期待され,オーディオなども加え広い分野で採用されている.

PCM 以外のディジタル変調方式は,伝送速度を低減させる(帯域圧縮と等価)目的で研究されており,それには PCM から発展した波形符号化の系列と,音声の生成機構をモデル化した分析・合成符号化の系列とがある.前者は圧縮度は低いが処理は比較的簡単で,後者は圧縮度は高いが処理が複雑である.前者の代表的例をあげると,次の 2 種類がある.

① **定差変調**(delta modulation; **DM** または $\mathit{\Delta}\mathbf{M}$)
② **差分 PCM**(differential PCM; **DPCM**)

差分 PCM は,隣接標本値間の差を PCM するものである.予測機能も追加してやれば,画像など隣接標本値間に強い相関をもつ信号に対しては,冗長度を削減した伝送,つまり帯域圧縮上効果がある.最近は,音声でも適応型の DPCM(**ADPCM** という)により,32 kbit/s 符号化が実用化されている.

定差変調は,DPCM の標本化速度を大きくとる代わりに,1 bit だけの符号化とした簡易形 PCM といえる.装置が簡単である特長をもっているが,特性は PCM より劣るので,現在はあまり使われていない.

後者の代表的例としては,16 kbit/s 符号化で,CCITT の標準となった LD-CELP があるが,高度な処理を有するので,ここでの説明は省略する.今後この分野はさらに 8 kbit/s, 4 kbit/s へと研究されていくが,品質が少しずつ低下するのは避けられない.

3.6 周波数分割多重

周波数分割多重（frequency division multiplexing；**FDM**）の通信技術がよく用いられているのはアナログ電話多重伝送の分野であり，ディジタル伝送が発展した現在ではもはや次第に過去の技術になりつつある．方式としては最も効率のよい SSB-AM が広く使われている．**SSB-AM** 信号を作るには，前にも述べたが図 3.12 のように，まず情報信号を AM 変調して BSB-AM 信号を得る．通常は変調には平衡型の変調器を用い，変調器の出力には搬送波を出さない搬送波抑圧変調が使われている．その後，帯域フィルタにより片側の側波帯のみ抽出すればよい．

図からわかるように，情報信号は SSB-AM の変調により搬送周波数 f_c 分だ

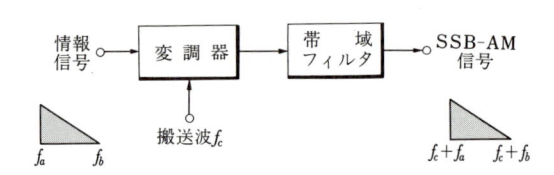

図 3.12　SSB-AM 信号の生成

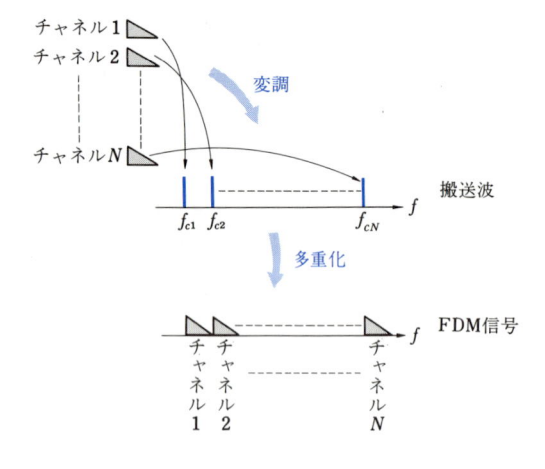

図 3.13　FDM 信号の生成

け周波数軸上を移動したことになる．したがって，N チャネルの周波数分割多重にしたければ，N 個の搬送波を情報信号の周波数スペクトルの間隔ごとの周波数に設定し，各チャネルごとに変調した後に加え合わせれば，所望のFDM信号が得られる．この模様を示したのが図3.13である．受信側におけるチャネル分離は，この逆を行えばよい．

大容量伝送とするため多重度を非常に大きくとるときは，上述のSSBによる周波数変換をいくつかの段階に分けて行うのが通例である．電話音声の場合を例にとると，まず0.3〜3.4 kHzの帯域の信号に対し通常，通話路間隔（搬送周波数間隔）を4 kHzとし，12チャネル（群）の多重化を行う．この出力信号は，通常60〜108 kHzの間に配置されている．次に，この群信号を再びSSB-AM変調し，同様にしてSSB-AM変調された4つの群信号と合わせ，5つの群信号の多重化（つまり12×5チャネル）を行う．

以下，このように多重化の束を大きくしながら何度もSSB-AM変調を行い，所要の多重度を確保するわけである．このようにしてでき上がった多重化の構成を，**ハイアラーキ**（多重化構成）と呼んでいる．これは国際通信の関係上，国際的に標準化されており，その模様を表3.3に示す．

表3.3 アナログ伝送方式のハイアラーキ

名　称	英　語　名	チャネル数	周波数帯域〔kHz〕
群	G (Group)	12	60〜108
超　群	SG (Super Group)	60 (5G)	312〜552
主　群	MG (Master Group)	300 (5 SG)	812〜2,044
超主群	SMG (Super Master Group)	900 (3 MG)	8,516〜12,388
巨　群	JG (Jumbo Group)	3,600 (4 SMG)	42,612〜59,684

このように，群変調の概念を使ってチャネルを積み上げたハイアラーキは，大束な回線数の中の一部の小束の回線数を分岐，挿入したり，伝送回線の他ルートへの切替え，通常の監視などに好都合で，通信網の柔軟な構成，保守・運用の容易さの上から重要な考え方である．

56　3. 信号の処理

　FDM の多重化装置をハードウェアの点から見ると，隣接チャネル間の漏話を防止するための各チャネルの帯域フィルタは，遮断周波数近傍で急峻な減衰特性を必要とし，高度の技術に加え数も多いので，価格の大部分を占める重要な機器となっており，メカニカルフィルタが広く使用されていた．

3.7　時分割多重

　時分割多重（time division multiplexing；**TDM**）とは，基本的にはディジタル変調（普通は PCM）の後の出力パルスを細くして隙間を作り，そこに他のチャネルからの細くしたパルスを挿入することである．FDM では，信号を SSB-AM の変調によりチャネル間隔ずつ周波数を移動させて加え合わせるので，N チャネル FDM 信号の帯域幅はチャネル間隔の N 倍となるが，TDM では，N チャネル TDM 信号の伝送速度は各チャネルのパルス幅を $1/N$ にするので，チャネルの伝送速度の N 倍になる違いがある．TDM の受信側でのチャネル分離は，ゲート回路で必要なパルスを抜き取ればよいだけである．TDM がこのように比較的容易に構成できるのに比べ，FDM では他チャネルへの漏洩を防ぐためにフィルタの高性能化が必要で，また LSI 化がしにくい点もあり，多重化に関しては TDM が優っている．逆に，TDM が FDM より不利となる面は同期である．同期は受信側で到来する 2 値信号の中から標本化の区切り，各チャネルのビットを見分けることであり，低次群の多重化，通信網としての同期へと進むに従い複雑となってくる．以下に，同期，1 次群多重化，高次群多重化の順に詳しく述べる．

[1]　同　期
　ディジタル通信では，受信側で送信側から送られてきた 2 値のディジタル信号の時間的位置関係を正確に把握する必要があり，このための機能を**同期**と呼んでいる．同期を目的により分類すると，次の 4 種類がある．
　① ビット同期

② フレーム同期
③ 多重化同期
④ 通信網同期

ビット同期は，考え方は比較的簡単で，線路上を伝送するディジタル信号の伝送速度（**ビットレート**とも呼ぶ）を送受信間で一致させるためのものである．これは，周期的なビット間隔の逆数であるクロック周波数を合わせることから，**周波数同期**とも呼ばれている．ディジタル通信装置の中では，標本化，符号化，多重化などの信号処理を行うため，信号とは別に周期の異なる多くのパルス列が必要になるが，その源となる発振器の周波数を送受信間で完全に一致させておくために，ビット同期は最も重要な同期である．FDM でもこのような周波数同期は必要で，ビット同期だけは共通性がある．ディジタル通信におけるビット同期のとり方は，クロック周波数を別の伝送路で送る方法（外部同期）もあるが，通常は受信側で到来する自己の情報信号のパルス列からクロック周波数を抽出する方法（自己同期）をとっている．

フレーム同期は，標本化間隔（これを**フレーム**と呼ぶ）の区切りを相手側に伝える機能であり，受信側で 2 値のパルス列の中からこの位置が識別されれば，多重化されている一般的ディジタル信号の各チャネルの時間位置も直ちにわかることになる．フレーム同期情報は，情報信号とは別に同期ビットもしくは同期パターンの形で付加しているのが一般的である．このため，ビットレートはわずかではあるが大きくなる．このような同期信号は，情報信号と同じ 2 値の形なので，受信側で同期信号を識別させるために特別の工夫が必要となる．通常は，同期信号として情報信号の 2 値の時系列に対して，統計的に一致し難いパターンを選ぶことが多い．例えば，フレームごとに 1 ビットの同期のためのパルスを挿入し，フレームごとに"1"と"0"を交互に繰り返す方法（次項参照）がある．

多重化同期は，お互いに同期関係のないいくつかの低次群伝送システムを多重化して，高次群システムを構成するときの同期のやり方である．このときに重要なことは，ビット同期の方法についてであり，非同期多重と同期多重の 2 種

類の方法がある．非同期多重は，低次群システム間のわずかなクロック周波数の差異をそのままにして，非同期の状態で多重化を行う特殊な方法（スタッフ同期，後述）である．これに対して，同期多重は，クロック周波数を信号とは別の伝送系で送り，完全な同期をとって多重化を行う方法である．同期多重は受信相手が常に固定しているときには比較的容易であり，従来から伝送システムによく使用されている．しかし，ディジタル交換機が実現し，この交換機を介して多重レベルのディジタル信号がネットワーク内を伝送するいわゆるディジタル網においては，受信相手が不定となるので，網内のすべての装置の間で完全な同期をとることが必要となる．すなわち，情報信号の伝送系とは別のクロック周波数供給系をネットワークの形で作ってやらねばならない．これを，特に**通信網同期**，あるいは略して**網同期**と呼んでいる．

以上に述べた4種の同期の中で，フレーム同期，多重化同期，通信網同期は多重化と一緒に考えることが多く，装置も同期多重化装置として一体化していることが多いので，この後は以下の［2］1次群多重化，［3］高次群多重化で述べることにする．

［2］ 1次群多重化

ここでは，多重化の中で最も理解しやすく，かつ基本的な1次群の多重化を，同期も含めて説明する．

多重化方法としてプロセスの上から分類すると，次の2種類がある．

① PAM多重
② PCM多重

PAM多重は，各チャネルの信号を標本化した後，直ちにPAMの状態のまま加算して多重化し，その後符号化するもので，符号器が1つですむという利点がある．

PCM多重は，各チャネルごとに標本化と符号化を行い，その後PCM信号の状態で多重化するもので，多重度の自由度が大きい特長がある．

この模様を図3.14に示す．図(a)は，符号器が複雑な機器なので高価と考え，

3.7 時分割多重   59

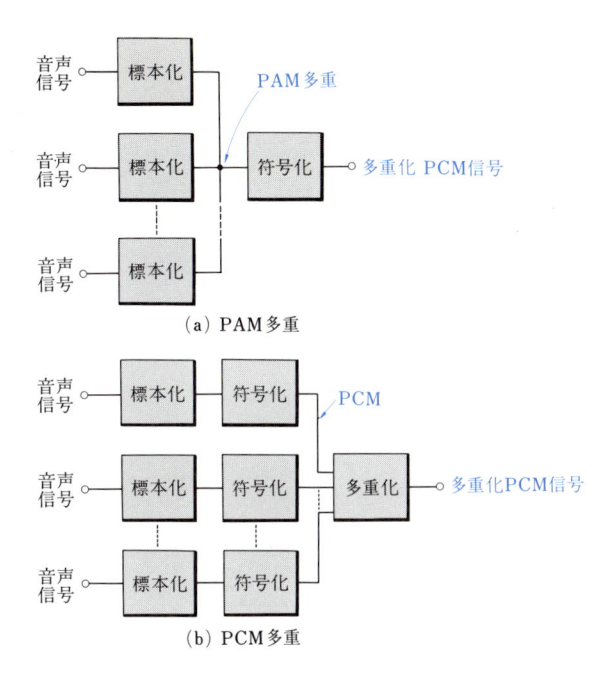

図 3.14　PAM 多重と PCM 多重

(a) PAM 多重
(b) PCM 多重

そのため各チャネルに共通利用とするように考えられた形式である．この形式は符号器が個別部品で作られた時代にもっぱら用いられたが，近年，LSI の進歩により容易にかつ安価に1チャネル用の符号器が使えるようになったので，図(b)の構成が可能となった．各チャネルごとの標本化と符号化は，受信側の復号化と一緒に1チップの LSI でまとめられ，コーデック(**CODEC***)と呼ばれている．このように小型となっているので，これのみを遠隔のユーザ宅内に設置することができるなど，伝送方式の設計の自由度が大きい利点がある．このようなことから，現在では後者の多重化形式が広く使われている．

　図 3.15 は，PAM 多重のときの PCM の TDM 信号を作る模様を示したもの

＊ CODEC は Coder（符号器）と Decoder（復号器）との合成語．

60   3. 信号の処理

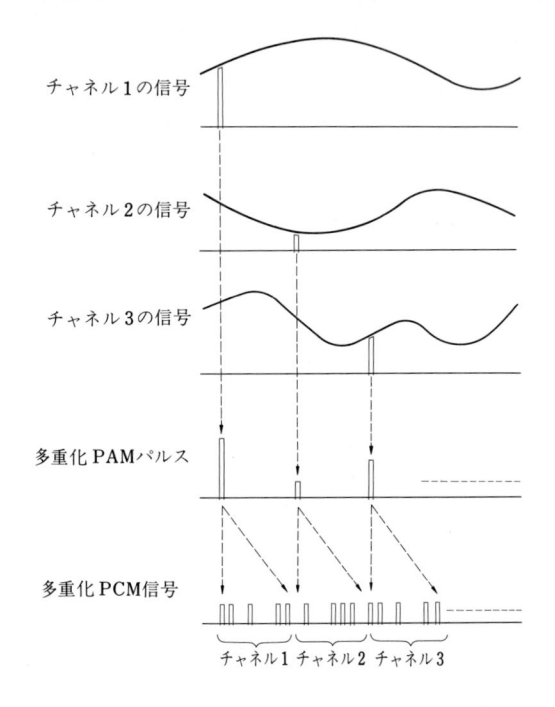

図3.15 PAM多重によるPCMのTDM信号の生成

である．PCM多重のときは，各チャネルごとに多重化時のパルス速度でチャネル符号をまとめておき，これを各チャネルごとに割当てられた時間だけずらして加算する方法をとっている．

このように多重化されたPCM信号は，**TDM-PCM**と呼ばれる．この信号はすべて"1"か"0"の2値の信号であるので，どこがチャネルの区切りか，またチャネルの8 bit PCM信号の第何番目のbit pulseなのか区別がつかない．これを解決するのが，フレーム同期技術である．これは，送信側で多重化されたPCM符号列に同期のための符号を付加して伝送し，受信側では2値の符号列の中から同期符号を見つけ出し，それから各チャネルの区切りをつけるものである．

同期符号は，8 bitの2進パルスを特定のパターンとして挿入する場合と，簡

3.7 時分割多重

単に1パルスのみをフレームの間隔ごとに1010……のパターン*として追加する方法がある．わが国の最初のPCM方式では後者の方法を採用していたが，これは情報信号にこのパターンが含まれる確率が非常に小さいからである．

わが国の公衆通信で最も多く用いられている24チャネルのPCM方式の，パルス配列の模様を図3.16に示す．

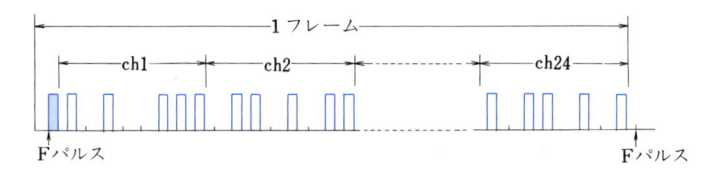

図3.16 PCM-24方式のフレーム構成

この方式は，1標本化周期（電話音声では$1/8\,\mathrm{kHz}=125\,\mu\mathrm{s}$）を，多重化するチャネル数だけ分割し，それをさらに符号化ビット数（電話音声では8 bit）に分割し，同期のための符号（Fパルス）を1標本化周期に1ビット付加した構成となっている．通常，標本化間隔を**フレーム**，1チャネル当たりの符号の長さを**ワード**と呼んでいる．以上のことから，線路上を伝送するPCM信号の伝送速度（**ビットレート**；bit rate）は，次式のようになる．

$$\text{伝送速度} = \left\{ \begin{pmatrix} \text{符号化} \\ \text{ビット数} \end{pmatrix} \times \begin{pmatrix} \text{チャネ} \\ \text{ル数} \end{pmatrix} + \begin{pmatrix} \text{同期} \\ \text{符号数} \end{pmatrix} \right\} \times \begin{pmatrix} \text{標本化} \\ \text{周波数} \end{pmatrix} \,\mathrm{[bit/s]}$$

(3.13)

上述のPCM-24方式の例では，1フレーム当たり$(8\times24)+1=193\,\mathrm{bit}$となるので，伝送速度は1.544 Mbit/sとなる．なお，このほか情報信号とは別に，交換機のための制御信号（ダイヤル信号など）を伝送することが必要であるが，これは情報量としては，情報信号に比べるとごくわずかなものである．実際には，チャネルの第8番目の符号を6フレームに1回の割合で使うことが以前は用いられてきたが，近年は各チャネルの制御信号をまとめ，さらに誤り検出の

---

*つまり4 kHzを基本周波数とする．

ための符号も含め，8,000 bit/s の F パルスの役割を同期以外に拡大し，多機能を有効利用する方法に移行している．

[3] 高次群多重化

多重度を大きくとる場合には，基本的にはパルスを細くしてやればよい．例えば，1次群 PCM を 4 システム集めて 2 次群の PCM 伝送システムを作るときには，1 次群 PCM のパルスを 1/4 に細くして 3/4 の隙間を作り，その隙間に他の 3 システムのパルスをそれぞれ 1/4 に細くして挿入してやればよい．その方法としては，下記に示すように 2 種類の方法がある．

① チャネル多重
② ビット多重

(a) チャネル多重

(b) ビット多重

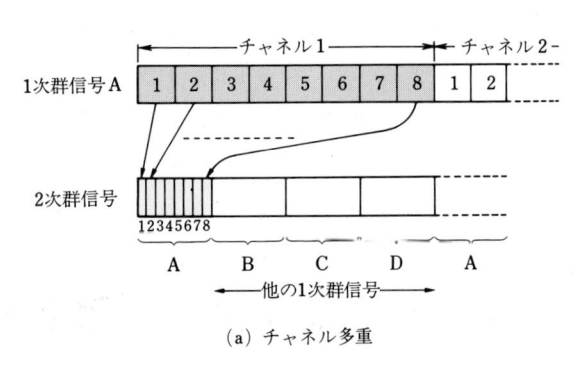

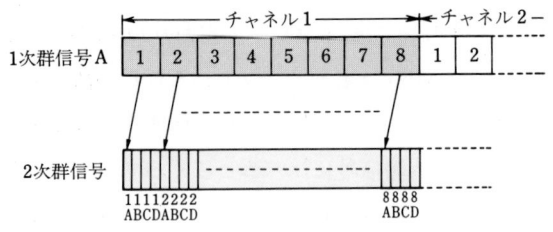

図 3.17　高次群多重化の形式

3.7 時分割多重 63

　これらの方法を図 3.17 に示す．すなわち，①はチャネルごとの 8 ビットで常にまとめ，これを単位として多重化する方法であり，**オクテット多重**とも呼ばれている．②は 8 ビットを切り離して，ビット単位で多重化する方法である．図では A，B，C，D の 1 次群 PCM 4 システムを多重化し，4 倍の伝送容量をもつ 2 次群 PCM を作る例を示した．

　次に，高次群の同期について述べる．ここでは，複数の低次群 PCM システムのクロック周波数の同期関係（周波数同期）が重要である．すなわち，クロック周波数が完全に一致している場合には簡単に同期が確立できるが，非同期関係になっている多くの場合には同期のとり方がかなり複雑になる．一般的には，複数の低次群 PCM がそれぞれ地理的に離れた地域から集められて，高次群 PCM を構成するときがこれに相当する．つまり，各局がそれぞれ独立の発振源をもち，その主発振器の周波数がわずかながらずれているためである（図 3.18 参照）．

　互いに非同期関係にあるシステムの同期化の方式として代表的なものは，**スタッフ同期**と呼ばれている方式である．これを簡単に述べると，各低次群信号を一旦メモリに蓄え，次にどの低次群信号よりもわずかに速いクロックで読み出すことにより同期をとる方法である．読出しクロックと低次群信号のクロックとの差は，スタッフパルスと呼ばれる余分のパルスを，定められたところにときどき挿入することで吸収するものである（図 3.18(a)）．

　それとは別に，各局の発振器の周波数を完全に一致させる**従属同期**と呼ばれる方式がある．この方式は送信側と相手となる受信側が常に固定しているときには優れた方式であり，これまでの伝送方式で広く使用されている．しかし，ディジタル交換機を経由して不特定の相手に伝送するディジタル網では，送信側と受信側との関係を固定化することはできない．このときには，図 3.18(b) のようにディジタル網の中心となる主局に周波数安定度の高い発振器を置き，すべての子局にこの周波数情報を送り，子局の発振器の周波数を同期化させる従属同期がある．この場合，主局の発振器としては周波数安定度が 1×10^{-11} 以上のセシウム原子発振器を使い，また子局の発振器としてはディジタル処理に

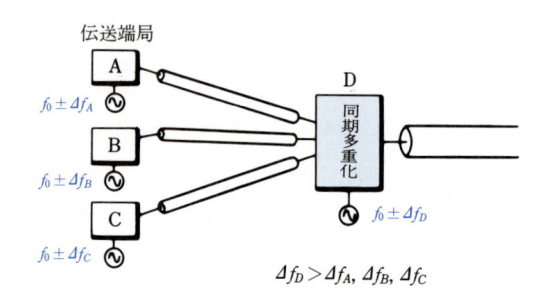

(a) スタッフ同期

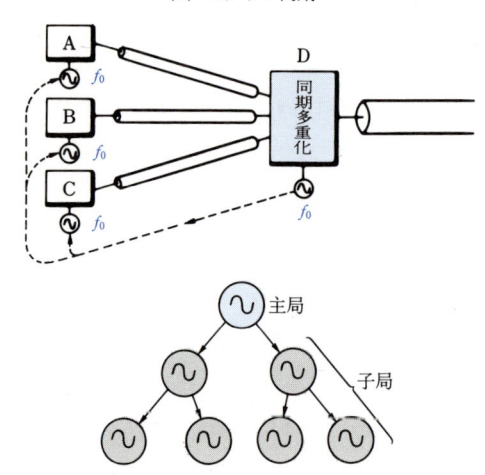

$\Delta f_D > \Delta f_A, \Delta f_B, \Delta f_C$

(b) 網同期（従属同期）

図3.18　多重化のための各種同期

よる位相同期発振器が使われ，周波数情報は情報信号とは別の伝送系で供給される．このような網状の完全同期の方法を**網同期**という．この場合，国内では従属同期の形式をとるが，外国との間では非同期の形式をとる．一般に，非同期のままではスリップによる符号誤りがときどき発生することになるが，この場合には周波数精度が極めて高いので符号誤りは極めてわずかであり，問題とはならない．以上，クロックの周波数同期について述べたが，受信側において高次群信号から特定の低次群システム，チャネルなどを識別するのは，送信側

で多重化のときにフレームなどを揃えてやるので比較的容易である.

　高次群の多重化と同期の方式は,伝送システムの立場だけで考えればビット多重とスタッフ同期が経済性の面から有利であり,永い間広く使われてきた.しかし,ディジタル交換機の出現により,多重レベルのディジタル信号の形式で交換機と接続する場合には,チャネル多重と網同期が必要不可欠となる.近年はディジタル網の推進のほか,メモリの低価格化,LSIの急速な進歩もあり,ディジタル伝送の多重化は,チャネル多重,網同期による完全な同期多重化が主流となってきている.

　多重化の階層構成は,アナログ伝送と同様にハイアラーキがある.ディジタルの場合には,アナログと異なって国際標準が1本化されず,日本,北米,欧州の3本立てで今日に至った経緯がある.しかし最近,ISDN時代を迎えて統一の機運が高まり,CCITTにおいてネットワークの構造の基本となるネットワークノードインタフェースの研究が進められ,1988年11月,新しい同期インタフェースが155.520 Mbit/sおよびそのn倍($n=4, 16$)として標準化された.CCITTに準拠した新しいわが国のディジタルハイアラーキを表3.4に示す.従来のディジタルハイアラーキとは多くの点で異なっているが,特に顕著なのは,伝送速度*のほかに非同期多重を完全な同期多重に変更したことと,フレーム内の構造にコンテナの概念を取り入れたことなどである.

　ディジタルハイアラーキは,運用,保守の面から柔軟なネットワークを構成

表3.4　ディジタル伝送方式のハイアラーキ

多重化ステップ	多重度	伝送速度
0次群	1	64 kbit/s
1次群	×24	1.5 Mbit/s
2次群	× 4	6.3 Mbit/s
3次群	× 7	52 Mbit/s
4次群	× 3	156 Mbit/s
5次群	× 4	622 Mbit/s

*以前は,3次群が32 M,4次群が100 M,5次群が400 M.

する上で大きな意味をもつが，効率の上からは各種情報信号の符号化速度，有無線の各種伝送媒体による伝送速度との整合性が重視される．符号化に関しては，多重化ステップの0次群は音声1チャネルの基本単位として，また高次群は画像関係情報のために重要な位置を占めており，データ通信のためにはすべてのレベルが対応することになる．伝送媒体に関しては，1次群が平衡ケーブルを用いた伝送システム，2次群以上が光ファイバケーブルと無線を用いた伝送システム*が適応する．

3.8 通信網における信号処理

次に，以上に述べた変調，多重化は，通信網の中で実際にどのような位置にあり，どのような方式が使われているかについて述べる．通信網は図1.9で述べたように，交換機（ノード）と伝送路（リンク）から構成され，加入者の端末から端末までいくには，その間に多くの交換機と伝送路が存在する．伝送路は通常何かの変調方式による多重伝送方式が入っていると考えると，音声信号は多数の変調・復調を繰り返すことになる．したがって，変・復調機器の設計に当たっては，変復調の際に生ずる雑音による劣化をあらかじめ十分考えておかなければならない．

通信網の伝送路に適用される伝送方式は，有線，無線，光と各種あるが，ベースとなるハイアラーキは伝送媒体にかかわらず共通である．図3.19は，特に信号処理が伝送方式にどのように関係しているかを，概念的に示したものである．ここでは，符号化も多重化も広い意味の変調に含まれるとの観点から，すべて変調の用語を使用した．図3.19はアナログ，ディジタルの双方に共通になるように示した一般的なものであり，実際にはアナログとディジタルの2面存在する．

---

*以前は，100Mと400Mに同軸ケーブルが多用されていた．

3.8 通信網における信号処理

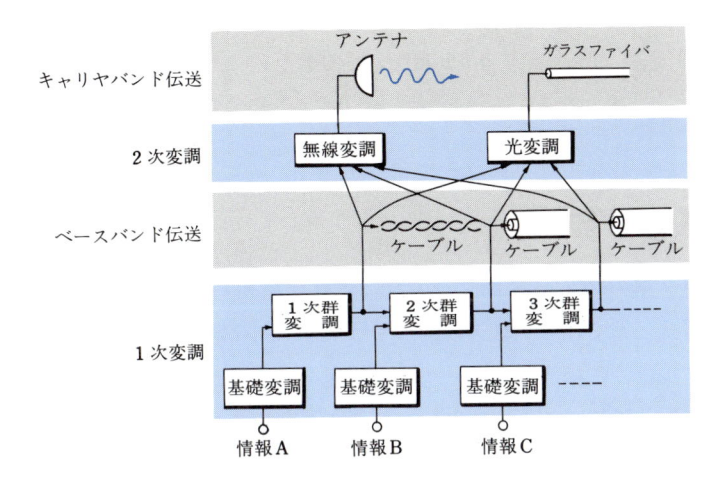

図3.19 伝送方式における変調の分類

表3.5 公衆網における変調方式の現状

形　態 \ 1,2次変調	基礎変調	群変調	無線変調	光変調
アナログ	SSB-AM	FDM	FM SSB-AM	IM
ディジタル	PCM	TDM	PSK QAM	IM

　情報A，B，Cは互いに異なる種類の情報で，B，Cとなるに従い広帯域情報となる．もし，電話音声のみ扱うときは，情報Aが音声のみとなり，他は不要である．また，この図では信号処理を大分類し，多重伝送のための操作を1次変調，伝送媒体と整合をとるための操作を2次変調と呼んでいる．有線の場合には基本的には1次変調のままで伝送できるが，無線の場合には当然，高周波の電磁波を搬送波として変調をかけなければならない．1次変調の後の伝送を**ベースバンド伝送**，2次変調の後の伝送を**キャリヤバンド伝送**と呼んでいる．

　表3.5は図3.19に関連して，実際に公衆電話網に広く使用されている各種変調方式の現状を示したものである．ここで，PSK, QAM, IMはディジタル位

相変調（phase shift keying），直交振幅変調（quadrature amplitude modulation），強度変調（intensity modulation）であり，これらの2次変調に関しては次節で詳しく述べる．

3.9 無線と光の変調

　無線は第2章の図2.13に示したように，周波数帯によって用途が分かれるが，変調方式としてはアナログに関してはAMとFMが一般的である．
　ディジタルは，位相変調をベースとした種々の変調が広く用いられている．これは，無線の電波で使用する空間が，多くの利用者の共有する有限の資産であることを考えると，極力使用周波数帯域を狭くすることが重要となるからである．すなわち，ディジタルは広大な帯域を必要とする欠点があるため，無線では特に周波数利用効率を高めた高能率の符号化の採用が強く望まれている．
　ディジタル位相変調（PSK）は，図3.20に示すように通常の2相位相変調（2 PSK）をはじめとし，4 PSK，8 PSK，16 PSKなど多相の位相変調があり，さらに位相変調と振幅変調を混合した**直交振幅変調（QAM）**がある．このような変調方式を，一般に多値多相変調と呼んでいる．これは，多少，信号対雑音比（S/N）を犠牲にして，帯域幅を縮小する方式である．2 PSKと同一伝送容量の条件で多値多相化により縮小する伝送帯域は，4 PSKで1/2倍，8 PSKで1/3倍であり，16 PSK，**16 QAM**では1/4倍に達する．これは，伝送帯域を同一とする条件なら，2，3，4倍の伝送容量とすることができる．ただし，S/Nの点

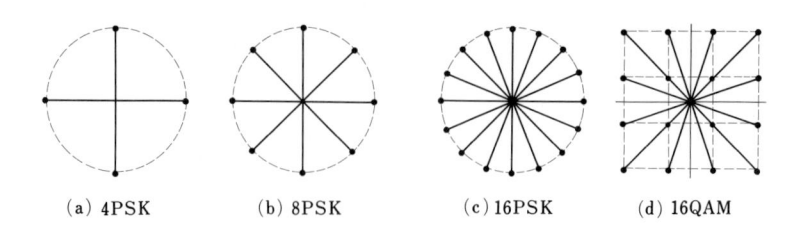

(a) 4PSK　　(b) 8PSK　　(c) 16PSK　　(d) 16QAM

図3.20　多値多相変調のベクトル図

では若干不利となり，例えば 16 QAM は 2 PSK に比し，同一の符号誤り率を確保するのに約 10 dB 大きい S/N を必要とする．このような高能率ディジタル無線伝送方式は，マイクロ波の公衆通信で使われており，4 PSK, 16 QAM が広く使用されている．近年は，さらに高能率の 256 QAM（帯域は 16 QAM の 1/2）も実用化されている．

　光は，伝送すべき電気信号で発光素子を駆動することにより変調される．光信号はガラスファイバを通った後，受光素子で再び電気信号にもどされる．発光素子には，**半導体レーザ**と**発光ダイオード**がある．これらの発光素子は，アルミニウム・ガリウム・砒素や，インジウム・ガリウム・砒素・りんなどの化合物半導体で作られている．発光ダイオードは，電流を流して光エネルギーを放出する**自然放出**と呼ばれるメカニズムになっているが，半導体レーザは，光エネルギーを閉じ込めて共振作用をもたせた**誘導放出**と呼ばれる高性能のメカニズムをもっている．両者を比較すると，光の強さ，スペクトル幅，高速変調などの特性の点から，一般に半導体レーザのほうがかなり勝る．半導体レーザの電気信号と光の変換特性は，図 3.21 のようにしきい値をもった特性となっている．したがって，通常はしきい値を超えたところで光の変調は行われる．

　このように，光は電気信号の振幅に比例して出力されるので，AM などの従来の電磁波としての通信形態が可能のように思えるが，実はここで発生する光

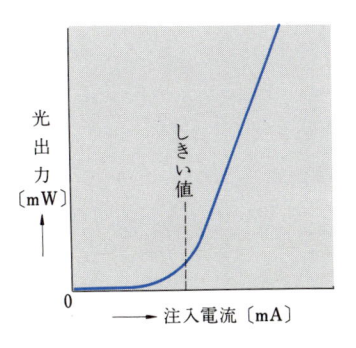

図 3.21　半導体レーザの光出力特性

3. 信号の処理

は厳密にはコヒーレントではない．単一の周波数の線スペクトルの波を出すことができず，その近傍のいろいろの周波数を含みスペクトルに幅をもち，ランダムな位相の合成波である．したがって，通常の正弦波からなる搬送波としての変調機能は存在せず，単に雑音的意味の光の強さの変調しかできない．このような変調を**強度変調**（**IM**）と呼んでいる．そのため，光は周波数自身は非常に高いのに，その周波数のもつ超広帯域性は活用できない状況にある．また，電気信号と光出力の間の変換特性も，厳密には直線性が余りよくないのでひずみを生ずる．そのため光ファイバ伝送は，現在はディジタル伝送向きということがいえる．しかし，強度変調でも光ファイバの多くの優れた特長から，従来の伝送方式より飛躍的に有利であることに変わりはない．受光素子は，一般にゲルマニウム，シリコンなどからなる**フォトダイオード**が使われ，光信号から比較的簡単に電気信号が得られ，発光素子に比べ問題は少ない．

　最近の半導体レーザの進歩はめざましく，スペクトル純度，高速性，安定性など改良が進んできた．このような状況から，光の変調も IM から電磁波として利用する**コヒーレント通信**への道が開けつつあり，光の超大容量通信の実現が期待されるようになってきている．

4 信号の伝送

4.1 概　要

　伝送媒体を通じ伝送される情報信号は，第1章で述べたようにアナログ型とディジタル型があり，これらを伝送するための設備として構築される伝送システムも，アナログ型とディジタル型とがある（図1.5参照）．これまでに，伝送端局における信号処理，つまり変調（符号化）と多重化を述べたので，本章ではこれらを除く信号の中継伝送について述べる．すなわち，基本となるアナログ信号の中継伝送，ディジタル信号の中継伝送をまず述べ，次にやや特殊ではあるが，最近非常に広く用いられている2線の双方向伝送を，最後にキャリヤバンドの伝送として無線と光の伝送について述べる．

　伝送システムは多重伝送が一般的であるが，非常に近距離の伝送については多重化しない1チャネル伝送もある．1チャネル伝送は，変調はなく信号源と簡単なインタフェースのみからなっている．また伝送に際しても，距離の長い場合のみ，途中に信号の減衰を補うため増幅の機能をもった中継器が使われるという簡単な構成となっている．1チャネル伝送は，距離が長くなると非常に高価につくので，通常は公衆通信網では数km以内，その他では構内網に限定される．したがって，本章では一般的な多重伝送の場合について述べる．

　アナログ伝送とディジタル伝送とを比較すると，前者が情報信号を極力忠実に伝送しようとしている技術なのに対して，後者はまず最初に情報信号を2値のディジタル信号に変換するという思い切った信号処理をしている．そのた

め，その後の伝送系がすべて2値のみの扱いとなり，広帯域性という短所はもつものの，以下に示すように多くの長所を生むことになる．

① **耐雑音性が大きい**

電気信号の有無のみを識別できればよいので，雑音の許容度が大きい．したがって，例えば，漏話の多い低品質の平衡ケーブルなどを多重伝送に活用することができる．

② **多中継伝送特性がよい**

一般に中継器が多くなる長距離伝送では，各中継区間ごとに入る雑音やレベル変動などの伝送の妨害要素の相加累積が，大きな問題となる．しかし，ディジタル伝送の中継器は，後述するようにしきい値（threshold）特性をもつため，ほとんどの雑音を除去でき，また出力一定のパルス発生器を使っているのでレベル変動もない．そのため，特に長距離回線の場合，良好で安定な伝送品質を確保することができる．

③ **半導体技術との親和性が大きい**

ディジタル技術に使用される電子回路は，2値の論理回路と記憶回路が多く，IC，LSIの技術を容易に適用することが可能で，これは経済化に大きく貢献する．

④ **光ファイバ伝送との親和性が大きい**

光ファイバは本来広帯域な伝送媒体であり，ディジタルの短所である広帯域性とよく整合するものである．また，発光素子の半導体レーザは，単一の周波数，位相を作れず，電気信号から光信号への変換特性の直線性も悪く，アナログ信号の伝送にはいまだ十分適合できない面があるので，ディジタル伝送に適している．

⑤ **波形情報，ディジタル情報の伝送によく適合する**

データ通信などで扱われているディジタル情報は，いうまでもなくディジタル伝送には非常によく整合するが，さらに標本化定理を基礎とした波形伝送が基本となっているので，画像，ファクシミリのような今後の発展が期待される波形情報の伝送によく適合する．

以上述べた長所の中で，⑤は世の中が高度情報化社会に向けて進んでいるときに，その発展を支える重要な長所となるものである．すなわち，電話のみならず各種の情報信号を，一元的なディジタルネットワークで取り扱うことが可能となる．このようなネットワークを，世界各国とも **ISDN**（integrated services digital network）と呼んで，その発展に向け推進しているところである．

アナログ伝送とディジタル伝送を，ハードウェアの経済性の点から比較してみる．まず端局面では，アナログ伝送は信号の処理，特に多重化に関して多くの高性能のフィルタを使用するので高価となるのに対し，ディジタル伝送はLSIの活用などで安価である．中継器面では逆に，アナログが単なる信号の増幅であるのに対し，ディジタルはしきい値特性（再生機能）をもつので複雑となり高価となっている．したがって，端局と中継器・伝送線路の総合のチャネル当たりのコストは図 4.1 のようになり，近距離ではディジタルが有利となり，遠距離ではアナログが有利となる．光ファイバでは，有利な領域がさらに広がる．

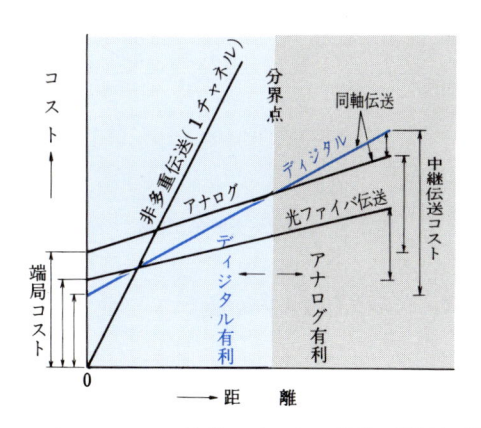

図 4.1　アナログ伝送とディジタル伝送の経済性の比較

4.2　アナログ信号の中継伝送

アナログ信号を伝送線路を通して伝送すると，信号は伝送損失により減衰す

る。そのため，伝送途中に**中継器**(repeater)を挿入し，信号を増幅してやる必要がある。そうすれば，信号は各中継器出力で同一レベル（同一電力の意味）となり，信号に関する限り問題はなくなる。しかし，通信で大切なことはよい伝送品質を維持することであり，伝送途中で混入する雑音に対しては，前に述べたように中継ごとの累積が問題となる。このため，常に信号対雑音比(S/N)として十分な値を確保するように，設計に当たって注意が必要である。特に，長距離伝送になれば100中継以上も多中継する機会が多くなり，雑音をどのように抑圧するかが大きな技術課題となる。

図4.2は，多中継の際に入る雑音の累積の模様を示したものである。まず，第1の中継器R1で混入する内部雑音 N_{i1} と，次に伝送線路で混入する漏話などの外部雑音 N_{e1} が1組となって，以下同様に，後続の中継器で混入する雑音が加わり，次第に大きくなって，先に行くほどS/Nを悪化させることになるわけである。

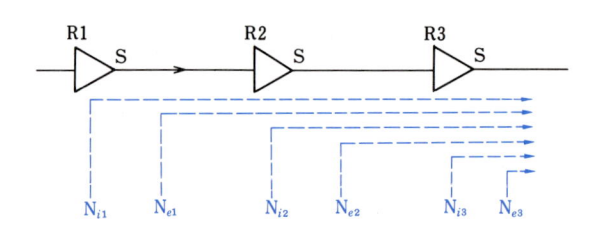

図4.2 中継ごとの雑音の累積

一般に雑音としては，次のようなものがある。
① 熱雑音
② トランジスタ雑音
③ 非直線ひずみ雑音
④ 漏話雑音
⑤ 誘導雑音

これらのうち，①～③は内部雑音であり，④，⑤は外部雑音である。

熱雑音は，抵抗体の中の自由電子の熱運動に起因するものであり，運動がラ

ンダムなので抵抗体の両端に発生する雑音電圧もランダムとなっている．熱雑音は周波数に無関係の一定の大きさの電力スペクトルをもち，かつ瞬時振幅の確率分布が正規分布に従う雑音，いわゆる**白いガウス雑音**であり，その雑音起電力 e_n は次式で表される．

$$\overline{e_n^2} = 4kTRB \tag{4.1}$$

ここで，k はボルツマン定数(1.37×10^{-23} J/K)，T は抵抗体の絶対温度(K)，R は抵抗値(Ω)，B は周波数帯域幅(Hz)である．

これは抵抗体 R と雑音電圧源 e_n とが，直列に連結された等価回路として考えることができる．この回路から取り出すことができる最大電力(有能電力)は，電源内部抵抗 R に等しい負荷を接続したときであり，そのときの電力 P は次式で与えられる．

$$P = \frac{\overline{e_n^2}}{4R} = kTB \tag{4.2}$$

すなわち，熱雑音の有能電力は抵抗値に無関係の値となっている．

トランジスタ雑音は**ショットノイズ**(shot noise)とも呼ばれ，半導体素子中の電子または正孔の流れを細かく見れば，ランダムに流れていることに起因するもので，雑音電流 i_n は次式で表される．

$$\overline{i_n^2} = 2qIB \tag{4.3}$$

ここで，q は電子の電荷量(1.59×10^{-19} C)，I は直流電流(A)である．この雑音も瞬時振幅の確率の分布は，正規分布に従っている．熱雑音と類似の雑音なので，両者をまとめて通信系の基本雑音と呼び，S/N 設計の重要因子としている．

非直線ひずみ雑音は，増幅部の入力振幅対出力振幅が直線的関係となっていないために生ずるひずみである．単一正弦波では2次，3次等の高調波を発生することになるが，FDM の多重信号の場合には互いに異なる他のチャネルの信号の高周波との間に複雑な結合波を生じ，これが非了解性ながら一種の漏話雑音の形で妨害を与える．そのため，これを**準漏話雑音**と呼ぶことがある．

漏話雑音は隣り合った回線から電磁誘導，静電結合により信号が漏れること

に起因し，**誘導雑音**は通話でなく外部から誘導される雑音である．これらは平衡ケーブルの場合のみ存在し，同軸ケーブルでは無視できる．

以上が伝送路で混入する雑音であるが，国際的には長距離伝送回線の許容雑音は 3 pW/km 以下に抑えることが推奨されているので，極力雑音を抑えねばならない．その対策としては，当然ながら伝送媒体として同軸ケーブルを対象とし，基本雑音のみにしぼることが重要である．さらに，中継器には**負帰還増幅器**を適用し，十分の帰還量をとり，雑音を抑制することが通常行われている．負帰還増幅器の回路をマクロに見ると，図 4.3 のように増幅部 (利得) の伝送関数 μ と帰還路 (損失) の伝送関数 β の 2 つの部分の構成で表すことができる．

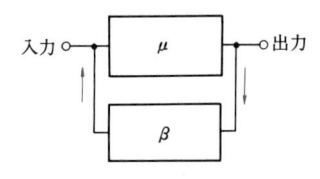

図 4.3 負帰還増幅器

この場合の増幅器の外部利得 A は，次式で表すことができる．

$$A = \frac{\mu}{1-\mu\beta} \tag{4.4}$$

もし，$|\mu\beta| \gg 1$ なら，

$$A = -\frac{1}{\beta} \tag{4.5}$$

また，μ 回路の変動に対する増幅器利得の安定度は，次式で表すことができる．

$$\frac{dA}{A} = \frac{1}{1-\mu\beta}\frac{d\mu}{\mu} \tag{4.6}$$

また，無帰還時のひずみ率 K_0 は，帰還時に次式のように変化する．

$$K = \frac{K_0}{1-\mu\beta} \tag{4.7}$$

以上からわかるように，負帰還をかけることにより，利得は帰還回路の損失

によってのみ定まり，利得安定度，ひずみは $1/(1-\mu\beta)$ 倍に改善される効果がある．

アナログ信号の中継器は，このように負帰還増幅器を主体に構成されているが，主要機能としては以下のようになる．

① 伝送線路の損失の補償と等化
② 線路の伝送損失の変動の補償
③ 中継器の障害監視
④ 中継器への電力の供給

中継器回路の基本構成を図 4.4 に示す．

①の機能は増幅と等化で，等化は線路損失の周波数特性が $\sqrt{f}$ の特性となっているのを補償するものである．具体的には，前置等化と増幅器の利得の周波数特性を $\sqrt{f}$ 特性に合わせることである．

広帯域の多重信号の中継を重ねると，高周波のチャネルのほうが雑音が多くなり帰還も十分かけられないので，低周波に比べると特性が悪くなる．これを改善するためには，送信側であらかじめ低周波の出力レベルを下げ，高周波の出力レベルを上げて送り，受信側で逆の操作を行い，総合的には平坦な周波数レベルとする方法がある．これによって，伝送帯域の S/N を一定に保つことができる．この方法を**エンファシス**と呼び，送信側の操作を**プリエンファシス**，受信側の操作を**ディエンファシス**と呼ぶ．

電力分離フィルタは ④ のための回路で，通常，中継器に供給する電力を，信

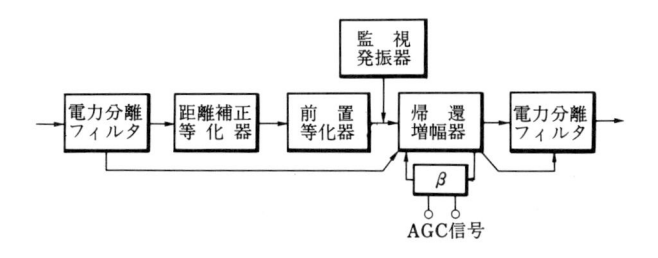

図 4.4 中継器の回路構成

号と同一の伝送導体の上に直流を重ねて送っているので，これらを分離する役割をもつ．このような電力伝送は通常，中継器を直列に結び，逆方向伝送系を帰線とする直流の定電流給電の形態をとっているものが多い．

距離補正等化器は，中継間隔が諸般の事情で標準より短くなったとき，補正するための回路である．通常は種々の長さに対応した擬似線路が用意されており，建設時現場で調整できるように簡単に装着可能となっている．これに伴い，増幅器は通常，最大中継間隔で設計されている．

監視発振器は③に対応するもので，障害中継器がどれかわかるように中継器ごとに周波数を変えた発振器で，大容量伝送の重要度の高い中継器にのみ用いられている．

アナログの信号伝送では，気温などにより伝送線路の損失が変動すると，当然中継器の出力レベルも変動する．各中継区間が同一原因で変動すれば，この変動は中継ごとに相加し，多中継になるほどその影響は大きくなる．これはレベル変動と呼ばれ，その特性は図 4.2 で述べた雑音の累積と似て，アナログ伝送のもう一つの大きな弱点となっている．②はその対策で，中継器の増幅器の β 回路の抵抗値を中継区間の損失変動に対応して変化させ，例えば中継区間の損失が増加すれば，利得も増加させるよう自動調整する．このような機能を**自動利得制御**（automatic gain control；**AGC**）と呼ぶ．

β 回路の抵抗としては，サーミスタが多く用いられる．直熱型サーミスタを用い，周囲温度の変化に対応して抵抗値を変える方式（温度 AGC）と，多重信号とは別にパイロットと呼ぶ一定の周波数の正弦波を伝送しておき，中継器で抽出したパイロット波電力の変化を傍熱型サーミスタにより抵抗値を変える方式（パイロット AGC）とがある．

実際に使用されている有線のアナログ伝送方式は，長い間電話網における伝送の主役の座を占めていたが，今日ではまだ多数の方式が存在してはいるものの，時代の流れでディジタル伝送方式に置き換えられつつあり，そのほとんどが姿を消す運命にある．広く使用された方式を紹介すると，短距離小容量の方式としては平衡ケーブルを使った 12 チャネルの 1 条群別 2 線伝送方式（4.4 節

で詳述)，長距離大容量の方式としては同軸ケーブルを使った 12 MHz 方式 (2,700 チャネル，中継間隔 4.5 km，最高周波数 12 MHz)，および 60 MHz 方式 (10,800 チャネル，中継間隔 1.5 km，最高周波数 60 MHz)があり，海底同軸ケーブルの方式としては 2,700 チャネルの 1 条群別 2 線伝送方式がある．

　海底ケーブル方式は，四囲が海に囲まれたわが国では重要な通信形態であるが，陸上の方式に比べて，その置かれた環境から特殊な技術が必要とされる方式である．具体的にいえば，図 4.5 のような環境にあって，浅海では波浪，漁労，船のいかりからの影響が，深海では水圧の影響が問題となり，全般的には海水による腐蝕と電蝕が問題となる．そのため，浅海のケーブルは外側に鋼線を巻いて機械的に堅牢にしたものを用い，深海のケーブルはそのような外装の必要はないものの，水圧に押しつぶされることがないように，内部の絶縁物を充実構造にしたものを用いている．中継器は，故障したときの修理が大変なので，高信頼部品で構成され，中継間隔をなるべく長くするためにケーブルを太くしている．このようなことから海底ケーブルが高価となるので，アナログ伝送では古くから 1 条群別 2 線伝送方式が広く使われており，さらに大洋横断の長距離伝送の場合には，会話の空き時間を利用して多チャネルの会話を挿入し，実効的に多重度を高める技術も使われている．

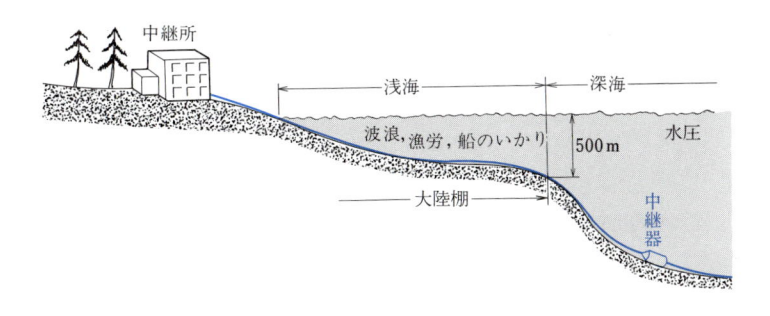

図 4.5　海底ケーブルの設置環境

4.3 ディジタル信号の中継伝送

[1] パルス伝送

　ディジタル信号の中継伝送を理解するためには，まずパルス伝送の基礎知識が必要である．詳しくは専門書にゆずるとして，ここではパルス伝送の重要なポイントを簡単に述べる．

　初めに，パルスとはどんな性質をもつ波形かを明らかにしておく．図 4.6 に示すように，孤立の方形波パルスのスペクトルは，パルス幅 τ の逆数の整数倍ごとに 0 を切る $\sin f/f$ の形となっている．これを**標本化関数**と呼ぶ．厳密にいえば，スペクトルが無限の周波数まであるので，無限大の周波数帯域が必要となるが，実際にはスペクトルは $1/f$ の速さで小さくなっているので，多少のひずみを許容することで帯域を制限している．ディジタル伝送で大切なことは，1 か 0 かの 2 値の伝送であり，方形波形を忠実に伝送してやる必要はない．そのため波形ひずみはある程度許容でき，帯域の上限周波数を $1/\tau$ 程度にとれば十分といえる．この図からわかるように，単位時間内の情報を 2 倍増加して伝送しようとすれば，パルス幅は必然的に 1/2 にしなければならず，帯域は 2 倍必要となる．このように，伝送速度と帯域幅は，逆の関係にあることを頭に入れておく必要がある．

　次に，実際の伝送線路でパルスの伝送を行った場合を考える．伝送線路は，

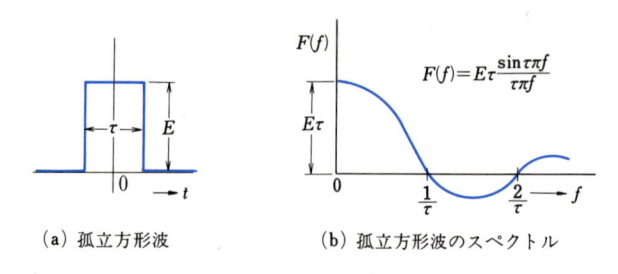

　　　（a）孤立方形波　　　　　　（b）孤立方形波のスペクトル

図 4.6　パルスと周波数スペクトル

2章で述べたように$\sqrt{f}$特性の帯域制限をもつ伝送媒体であり,送出されたパルスは距離とともに減衰ばかりでなく大きな波形ひずみを受ける.このため,隣接タイムスロットのみならず,数十タイムスロットにまでひずみの影響が及ぶ.これを**符号間干渉**と呼び,雑音と並び信号への主要妨害要因となっている.このひずみを減少させるためには,受信側の中継器で高域に利得をもたせる等化が必要で,この結果,波形が整形されS/Nが改善されることになる.

次に,パルス伝送の際に重要な概念である理想低域フィルタのインパルス応答特性について述べる.これは図4.7(a)に示すように,遮断周波数がf_cの理想的な低域フィルタにインパルスを印加すると,出力の応答が図(b)に示すような波形となるというもので(厳密には時間遅れがあるが,ここでは省略),図4.6にも現れた標本化関数形を示している.なお,このインパルスとは,面積が1のパルスで幅を0の極限にとったときの波形のことである.

ここで重要なことは,波形が$1/2f_c$間隔ごとに零となっていることである.これを**Nyquist間隔**と呼ぶ.つまり,この間隔ごとにパルスを伝送すれば,パルス相互間の干渉を防ぐことができるわけである.言い換えれば,遮断周波数の2倍の周波数の速度で,パルス伝送ができることになる.もちろん,これは理想化された概念的な話であるが,これに近づけることはできる.

パルス伝送では,このように帯域制限の条件の下で波形ひずみを符号間干渉としてとらえており,先行する多くのパルスからの符号間干渉をできるだけ少

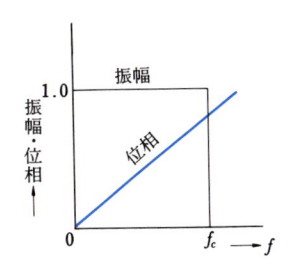

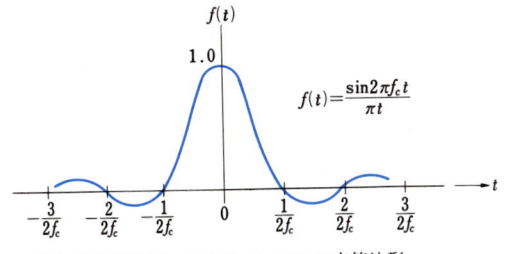

(a) 理想低域フィルタの特性 (b) 理想低域フィルタのインパルス応答波形

$$f(t) = \frac{\sin 2\pi f_c t}{\pi t}$$

図4.7 理想低域フィルタのインパルス応答

なくするための，よい等化方法を確立することが重要である．

[2] 中継器

PCM による TDM されたディジタル信号は，"1" と "0" で表現された 2 値情報で伝送される．この伝送信号は，帯域制限された低域フィルタ形の伝送線路を通るパルス伝送となるので，前に述べたように波形ひずみを生じ，また伝送路の途中で入る漏話雑音，誘導雑音，中継器で入る熱雑音等の各種雑音の影響を受ける．中継器ではこれらの妨害因子を極力除去し，**しきい値** (threshold) をもった識別器により "1" か "0" かを識別し，大出力のパルスとして再生し送出しなければならない．また，識別再生のパルスの位置を正確に保つために，タイミングをとることも重要である．このような中継器の回路の基本構成を図 4.8 に示す．

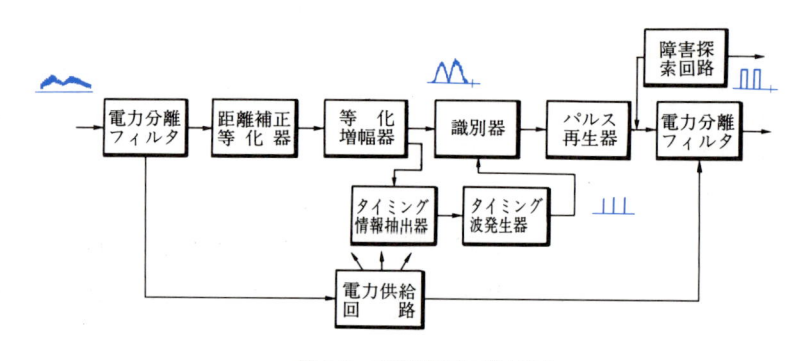

図 4.8　中継器回路の基本構成

図で電力分離フィルタ，距離補正等化器は，前述したアナログ中継器のときと同様である．等化増幅器は，前に述べたように符号間干渉をなるべく少なくするように配慮され，高域の利得を強調した帰還増幅器である．

識別器は，等化後の符号間干渉が少なくなった波形を識別するため，図 4.9 の特性をもつものである．すなわち，しきい値は標準信号振幅の 1/2 に設定され，これを超える信号を "1"，これより小さい信号を "0" と識別するわけである．な

4.3 ディジタル信号の中継伝送

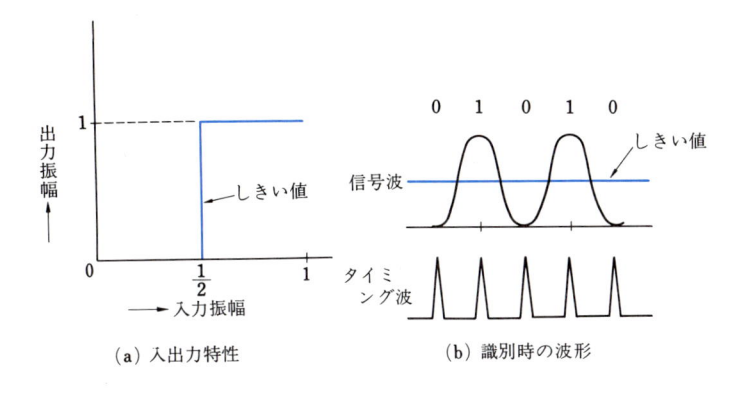

図4.9 識別器の特性

お，その際には図(b)に見られるように，同時にタイミング波により再生パルスの発生時点を確定する．つまりタイミング（整時）をとるわけである．

パルス再生器は単安定の高出力パルス発生器であり，発生パルスの幅は通常タイムスロットの半分としている（duty factor 50 %）．タイミング情報抽出回路は，非直線回路と，信号の伝送速度に等しい周波数を抽出する同調回路からなっている．また，タイミング発生回路は，クロックの正弦波から鋭いタイミングパルスを作る回路でできている．

障害探索回路は保守運用のためのもので，その内容は中継器ごとに異なった周波数の帯域フィルタが主体である．これは，送信端から特定の周波数成分を強く含むような特定の符号パターンを伝送し，監視専用心線を介してループ状にもどし，中継器の状況をチェックするものである．

以上に述べたディジタル信号の中継器の基本機能をまとめると，

① **波形整形**（reshaping）：等化増幅によりひずんだ受信波形を整形する機能
② **識別再生**（regenerating）："1" か "0" かを識別し，もとのパルスに再生する機能
③ **整時**（retiming）：送出パルス列を正しい時間間隔に配列する機能

となる．これらの頭文字がすべて R であることから，よく **3 R の機能**と呼ばれている．

アナログ中継器が忠実な増幅を主体にしているのに比べ，ディジタル中継器は上述したようにかなり複雑で，一般に部品数（特に能動部品）が多く規模は大きい．そのため高価となるが，LSI が適用しやすいので大きな障害にはならない．ディジタル中継器が極めて特徴的なのは，しきい値をもつ再生機能であり，そのため**再生中継器**と呼ばれることもある．しきい値は前述のように標準信号振幅の 1/2 に設定されるので，理想的には雑音はしきい値まで許容できるわけで，S/N は 2，すなわち 6 dB でよいことになる．実際は，符号間干渉をはじめとして漏話など各種の要因で雑音余裕は小さくなるが，必要な S/N はアナログ信号の伝送に比べれば比較にならないほど小さくてすむ．

伝送符号は，雑音がしきい値を超えれば誤まることになるが，超えなければすべての雑音を除去することができる．このことは，アナログ中継器が各中継区間で入る雑音やひずみが除去できず，すべて中継ごとに相加することを考えると，非常に優れた特長であるといえよう．

[3] 伝送路符号

ディジタル信号は通常は 2 進符号の伝送なので，実際の伝送路で使用する信号も 2 値の符号が自然である．つまり，+1 と 0 の符号を使うわけである．このような符号を**ユニポーラ符号**という．

孤立パルスの周波数スペクトルは，前に述べたとおりである．これに対し，情報をもつ 2 進符号は，+1 のパルスの生起がランダムであり，そのスペクトルは通常電力スペクトルで論ずることになる．ユニポーラの電力スペクトルは，孤立パルスの場合と同様に，直流分をもっている．一方，中継器を含む伝送系は，一般に直流はもちろん，低周波成分は遮断されて伝送できない．すなわち，中継器の入出力にはトランスがあり，インピーダンス整合，中継器電力伝送と信号との分離，雷サージの抑圧などの役割をもっている．さらに，中継器回路の内部においても，増幅器内では多数のコンデンサによる交流の段間結合があ

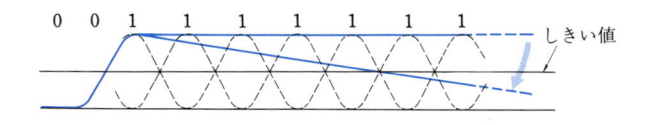

図4.10 低周波遮断によるひずみ

る.

　このような低周波遮断がある伝送系で，直流分をもつユニポーラを伝送すると，符号は図4.10に示すようなひずみを生ずる．この図ではわかりやすくするため，000……0111……1のユニットステップ形の直流分をもつパターンを例にあげた．図からわかるように，波形ひずみにより"1"であっても信号はしきい値以下になることがあり，その影響は非常に大きい．これを避けるためには，
　① 中継器内部で回路的に補償を行う．
　② 送信側で直流分が含まないように，あらかじめ特殊な伝送路符号に変換して伝送する．

の2通りの方法があるが，現在は中継器を簡単にするため後者の方法が広く用いられている．

　直流分を含まない符号構成は種々のものが考えられるが，このほかに中継器で必要なタイミング情報成分（クロック周波数成分）を豊富に含むこと，中継器の障害監視のための情報を具備していること，などが配慮されなければならない．

　最も簡単で最も広く用いられている代表的な伝送路符号は，**バイポーラ**である．これは図4.11に示すように2進符号の"1"のたびごとに，+1，-1の符号を交互に切り換え，"0"は0に対応させる方法で，電力スペクトルに直流分はなく，最大が$f_0/2$（f_0はクロック周波数）である．バイポーラの欠点は，2進符号の伝送なのに実際は±1と0の3値を使うことから，識別再生回路が若干複雑になることと，電力スペクトルでクロック周波数成分f_0が存在しないことから，タイミング発生回路がやや複雑になることである．しかし，バイポーラは障害

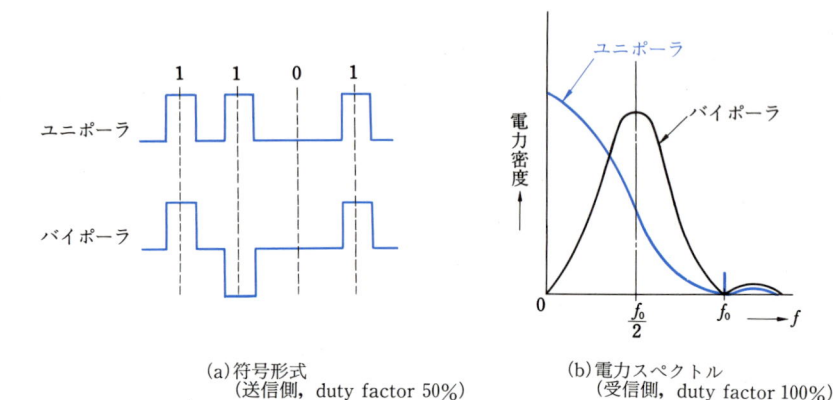

(a) 符号形式
(送信側, duty factor 50%)

(b) 電力スペクトル
(受信側, duty factor 100%)

図 4.11　伝送路符号

監視が容易となる特長があり，正式には **AMI**（alternate mark inversion）と呼ばれ，世界中で広く使用されている．

[4]　伝送特性

　ディジタルの中継器は，しきい値をもつ再生機能により雑音に非常に強いことと，アナログの中継器のような雑音や，レベル変動の中継ごとの相加がないことが特長である．ディジタル中継器の性能評価，すなわち伝送特性は，主として符号間干渉と雑音とによる符号誤り率と，再生パルスの正しい時間位置からのずれの 2 点から評価される．この時間ずれを**ジッタ**（jitter）という．

　符号間干渉は等化器の良否に左右されるが，等化後の波形は一般に図 4.12(a) のように他のタイムスロットで多少の符号間干渉を生じ，悪影響を与える．一方，符号間干渉が 0 の理想的な場合のバイポーラの波形は，前後のタイムスロットの符号が +1, 0, −1 のいずれかで変わる．このすべての場合を重ねて図示すると，図 (b) のようになる．図で白く残された領域が識別の対象となるところで，振幅軸方向が雑音余裕，時間軸方向がタイミング波のジッタ余裕になる．この領域を**アイ**（eye）といい，このように起こり得るすべての隣接波形を重ね

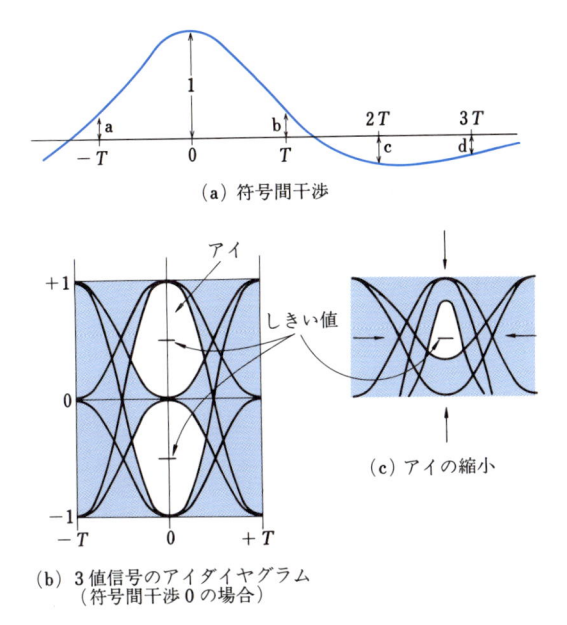

4.3 ディジタル信号の中継伝送　87

(a) 符号間干渉

(b) 3値信号のアイダイヤグラム
（符号間干渉 0 の場合）

(c) アイの縮小

図 4.12　符号間干渉とアイダイヤグラム

て示した図を**アイダイヤグラム**という．

　実際の等化後の波形が図(a)のようになるので，アイは図(c)のように符号間干渉により縮小する．すなわち，波形ひずみにより雑音余裕が小さくなるわけである．ランダムの3値のパルスパターン発生器を送信側におき，等化器の後でシンクロスコープで波形を観察すれば，容易にアイを見ることができる．このため，符号間干渉量を評価するのに，アイダイヤグラムが広く用いられている．

　符号の誤りは，信号に雑音余裕を超える雑音が加わったときに生ずる．等化後の識別点における信号の尖頭振幅値を A とすれば，しきい値は $A/2$ に設定され，そこに平均値が 0，標準偏差 σ（実効値）のガウス雑音が加わった場合，**符号誤り率** P は次式で表される．

$$P = \frac{1}{\sqrt{2\pi}\sigma} \int_{A/2}^{\infty} \exp\left(-\frac{x^2}{2\sigma^2}\right) dx \tag{4.8}$$

信号対雑音比 (S/N) は A/σ で表され，この S/N と P との関係は上式より図に求められ，わずかな S/N の変化により符号誤り率は大きく変化する特性を有している．通常よく用いられる符号誤り率の目標値は，全中継系で $10^{-6}\sim^{-7}$ 程度であり，1 中継器当たりでは $10^{-8}\sim^{-10}$ 程度である．そしてこれに対応する S/N は，約 21〜22 dB である．

　ジッタは，符号が識別再生のときに正しい時間位置からずれる現象であり，その量は正しいタイムスロット間隔（クロック周波数の逆数）を T とし，時間位置の偏差を τ とすると，$(\tau/T) \times 100$ ％で表現される．一般に，タイミング機能をもった普通のディジタル中継器では，その量は小さい．

　タイミングをとる形式は 2 種類ある．タイミング情報を専用のチャネルで別途送り，これをもとにタイミング波を作る**外部タイミング形式**の場合，ジッタは非常に少ないが中継器は複雑になる．一方，現在広く使われているように，自己の 2 進情報信号の中から同調回路を使ってタイミング情報を抽出する**自己タイミング形式**では，不完全のため若干のジッタを生ずる．

　ジッタは，符号誤りに対する雑音余裕を減少させる．また，中継ごとに累積する性質のジッタの場合には，受信端局で復号化したときに位相変調性の雑音が混入するなどの悪影響を与えるので，符号誤りほどではないにしても，軽視できない劣化要因である．

　わが国のディジタル伝送方式は，1965 年に 1.5 Mbit/s(24 チャネル) PCM 方式が最初の方式として実用化され，それ以来ディジタル伝送特有の優れた伝送特性と，LSI などの半導体部品の進歩による経済性により発展を遂げてきた．さらにその後，飛躍的な伝送媒体である光ファイバが出現するに及んで，ディジタル伝送のアナログ伝送に対する優位性は確固なものとなった．光伝送は次節で述べるので，ここでは現在広く使用されている主な銅線ケーブルのディジタル伝送方式について簡単に述べる．

　ディジタル伝送方式は，平衡ケーブルを用いた方式と同軸ケーブルを用いた

方式とに大別される．前者の主要妨害要因が漏話であるのに対して，後者のそれは熱雑音のみとなるので，一般に平衡ケーブル方式は短距離小容量の方式，同軸ケーブル方式は長距離大容量の方式と位置づけられている．平衡ケーブル方式は 1.5 Mbit/s 方式（24 チャネル，中継間隔 2 km，AMI 符号）が多数使われており，同軸ケーブル方式には 100 Mbit/s 方式（1,440 チャネル，中継間隔 4.5 km，3 値符号）と 400 Mbit/s 方式（5,760 チャネル，中継間隔 1.5 km，AMI 符号）とがある．

4.4　2線双方向伝送

　完全な通信形態は，方向別に1対の導線を使って双方向伝送を行う4線伝送であり，これが最も一般的である．2線のみで双方向伝送を行うためには特殊な技術を必要とし，適用分野も特別な理由のある領域に限られる．例えば，通信網の中の加入者線や，巨額の建設費がかかる海底同軸ケーブルがそれである．加入者線は1チャネルの双方向伝送，海底同軸ケーブルでは多重度の大きい周波数分割双方向伝送が古くから使われている．さらに最近では，ディジタル伝送の分野で，時分割方向制御方式とエコーキャンセラ方式の双方向伝送が加入者線で使われている．ここでは，まず電話音声の双方向伝送について述べ，次に周波数分割による双方向伝送を，最後に時分割方向制御方式およびエコーキャンセラ方式による双方向伝送について述べる．

[1]　電話音声の双方向伝送

　電話の場合には，基本的には電話機と電話機を2線で結び，電池を使って通話電流を供給してやれば通話ができる．これは，自分の音声電流と相手の音声電流が同一線に重畳していても，人間は聞き分ける能力をもつという音声通信特有の事情によるものである．しかし，距離が遠くなれば線路の途中に増幅器を挿入しなければならないが，増幅器は単方向性のため特別の工夫が必要である．

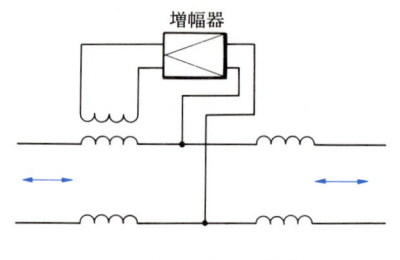

図4.13 双方向中継器

　図4.13にこのための**双方向中継器**を示す．これは，増幅器に正帰還をかけて得られた負性インピーダンスを利用するもので，2線式の線路の中間または端末に挿入することによって，伝送損失を補償するものである．

[2] 周波数分割双方向伝送

　周波数帯域を高群と低群に分け，それぞれ東行と西行に対応させる双方向伝送は，古くから短距離伝送方式と海底同軸ケーブル伝送方式で広く使われている．海底同軸ケーブルは設置される環境条件が特殊なため，高価なケーブルとなり，また建設，保守も大変である．そのため，普通は**1条群別2線方式**と呼ばれる周波数分割双方向伝送が多く用いられている．

　この方法は図4.14に示すように，方向別に周波数帯域を高群と低群に分け，

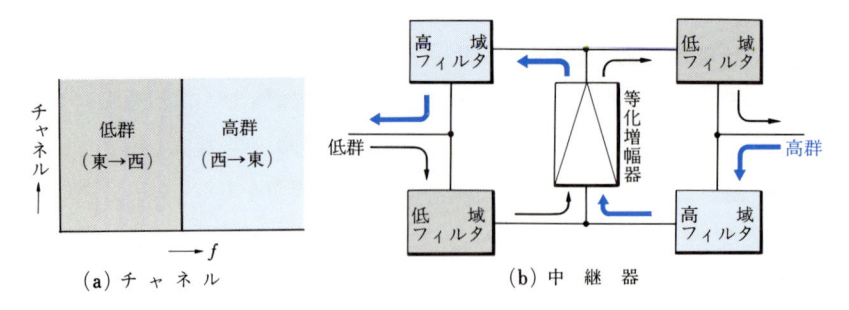

図4.14 周波数分割双方向伝送

中継器では入力のところでフィルタにより図のように経路を分け，等化と増幅の機器は共通に使用するものである．したがって，陸上の4線の通常のケーブルの伝送方式に比べ，フィルタ（方向を分けるので**方向フィルタ**ともいう）を多数使い，増幅器等の機器の所要帯域が2倍となる欠点をもつことになる．

［3］ 時分割方向制御双方向伝送

現在の電話網を基盤として，そのディジタル化を図るときの問題の一つに，局と加入者を結ぶ加入者線がある．それは2線であることで，これを新たにケーブルを布設することなく実質4線構成とするためのディジタル加入者線伝送方式が時分割方向制御双方向伝送を用いており，ISDNで使用されている．

これは図4.15に示すように，まず連続している情報2値信号のパルス列を，メモリを用いた速度変換回路でバースト繰返し周期ごとに区切って時間圧縮し，バーストとして約2倍の速度で送出する．そして，これによって生じた空き時間で反対方向からのバーストを受信する方式である．したがって，受信側ではバースト状の受信信号をバッファメモリに書き込んだ後，連続的なパルス列として読み出さねばならない．この方式は，1対の線を使って送受信を時分割的に切り替えて使うので，**ピンポン伝送**とも呼ばれている．

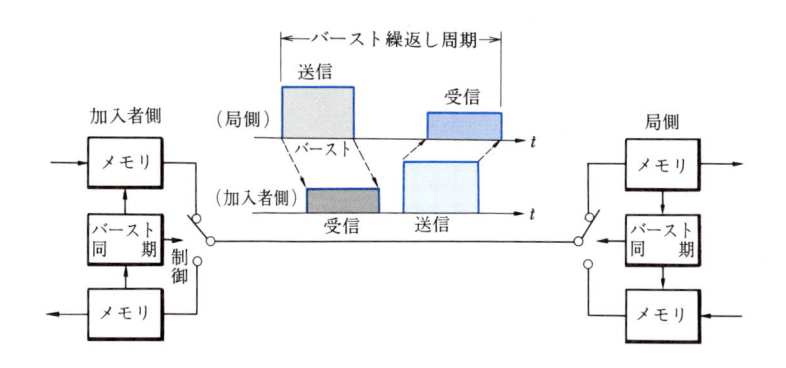

図4.15 時分割方向制御双方向伝送

[4] エコーキャンセラを使用した双方向伝送

2線双方向伝送には，ハイブリッド回路（7.1節参照）を用いて4線-2線の変換を行い，図4.16のように伝送する方法も考えられる．この場合には，ハイブリッド回路の平衡条件を広帯域にわたって満足させることが難しく，一般には図の点線のように信号の回り込み妨害が起こることが避けられない．そのため，エコーキャンセラを入れて妨害波を除去することが不可欠である．この方式は外国のISDNで使われている．

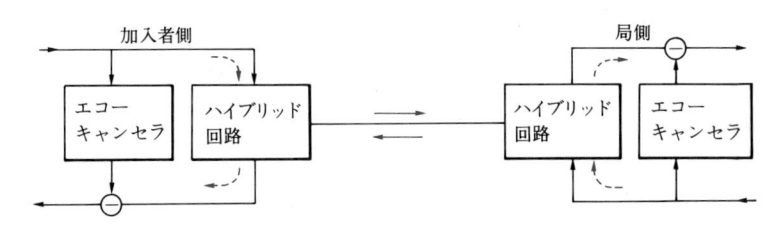

図4.16 エコーキャンセラ方式

4.5 無線伝送と光伝送

無線伝送と光伝送は，すでに図3.19で示したように，ともに高周波の電磁波を搬送波として変調し，伝送する搬送波帯の多重伝送方式である．無線は自由空間を伝送媒体とし，光はガラスファイバを伝送媒体としているので，それぞれの伝送媒体の伝送特性によく適合する伝送方式が使用されている．

[1] 無線伝送

無線による通信を用途別に分類すると，公衆通信のほか，JR，電力会社，警察などの企業内通信，放送など多岐にわたる．また環境別に分類すると，地表波による固定地点間通信のほか，衛星通信，移動通信などがある．さらに，周波数別に分類すると，長波をはじめ中波，短波，超短波，マイクロ波，準ミリ波，ミリ波などがあり，その用途はすでに図2.13に示したようになっている．

4.5 無線伝送と光伝送

ここでは，その中で代表的なものとして公衆通信の固定地点間マイクロ波伝送を取り上げ，以下に説明する．

マイクロ波帯は，広帯域なので超多重伝送に適し，降雨による減衰もないので固定地点間の多重通信として使いやすい領域である．このため，2～15 GHz にわたり各方面で広く使用されている．特に，4，5，6 GHz 帯のマイクロ波伝送は，パラボラ，もしくはパラボラの変形であるホーンリフレクタアンテナにより山頂の無線中継所を 50 km 間隔で中継伝送する方式として，超多重電話通信，カラーテレビ放送の全国への中継などに盛んに使われている．その中継系は，図 4.17 に示すようにアンテナを共用し，異なる搬送波を使って中継器を併設し多重度を上げている．この場合の1中継器を伝送する通路を，**無線チャネル**と呼ぶ．

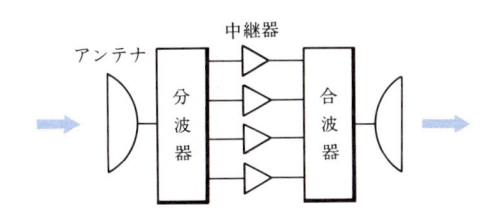

図 4.17 中継システムの構成

各無線チャネル間の分離，結合には，フィルタの一種である分波器と合波器が使われる．無線では逆方向の中継システムも同じ構成であるが，電波は相互干渉による妨害を防ぐため，必ず異なった周波数が使用される．また，各無線チャネルは受信したときと異なる周波数で送信され，次の中継所で元の周波数にもどされるというように，2つの周波数を交互に使いながら中継していく方法がよく用いられる．これを **2 周波方式** と呼んでいる．これは，同一中継所における電波の回り込み妨害を防ぐ上で有効である．

無線中継方式には図 4.18 に示すように，**ヘテロダイン中継方式** と **検波中継方式** とがある．

4. 信号の伝送

(a) ヘテロダイン中継方式

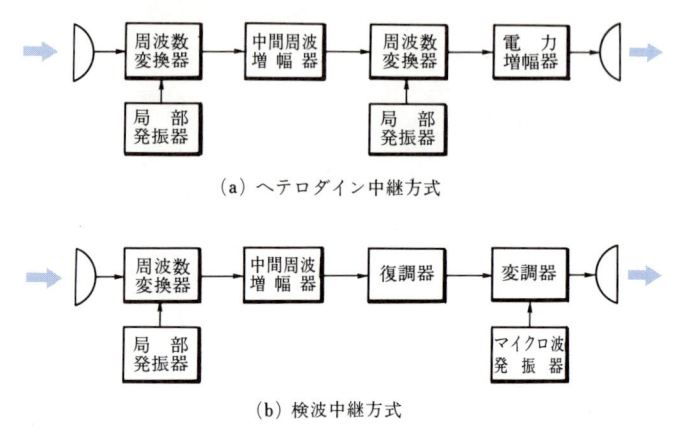

[受信] → 周波数変換器 → 中間周波増幅器 → 周波数変換器 → 電力増幅器 → [送信]
　　　　　　↑　　　　　　　　　　　　　　　↑
　　　　　局部発振器　　　　　　　　　　　局部発振器

(b) 検波中継方式

[受信] → 周波数変換器 → 中間周波増幅器 → 復調器 → 変調器 → [送信]
　　　　　　↑　　　　　　　　　　　　　　　　　　　　↑
　　　　　局部発振器　　　　　　　　　　　　　　マイクロ波発振器

図 4.18　各種中継方式

　ヘテロダイン中継方式は，受信波を局部発振器からの波と混合し，中間周波数に下げ，増幅の後，局部発振器で送信波に周波数変換し，電力増幅してアンテナへ送出する方式である．

　検波中継方式も同様に中間周波数に変換し増幅するが，その後で復調してベースバンド信号を取り出し，この信号で再び送信マイクロ波を変調する方式である．無線ディジタル伝送のときは，このベースバンド信号の段階で符号の識別再生をするのが一般的である．

　ヘテロダイン中継方式は，高品質の中継伝送特性が得られる．これに対して，検波中継方式は，ベースバンドまでもどす変復調を中継ごとに繰り返すので，ひずみや雑音は増加するが，回線の分岐，挿入ができ，またディジタル方式の場合には再生中継ができるなどの利点がある．

　無線の中継伝送で使用される変調方式は，ひずみと雑音に強い点から，従来から FM が広く用いられている．しかし最近，増幅器の非直線性などの改良が進んだので，FM より帯域が少なくてすむ AM-SSB が用いられるようになってきた．また，ディジタルでは 3.9 節で述べたように，周波数帯域の有効利用の点から各種の位相変調が広く用いられている．その上，16 QAM の例に見られ

るように多値多相化技術の進歩に伴って，ディジタルの欠点であった広大な所要帯域の必要性も改良されて，適用範囲が広がってきている．

[2] 光伝送

光はすでに述べたように，いまだ完全なコヒレント伝送ができないので，現在は半導体の発光素子を強度変調して伝送している．復調は，半導体の受光素子により，簡単にもとの電気信号にもどすことができる．そのため，中継器の構成は図4.19のように，概念としては通常の電気信号の中継器の入出力側に，それぞれ光から電気，電気から光への信号の変換器，具体的には受光素子と発光素子を取り付ければよい．つまり，現在の光伝送は，ガラスファイバの中だけ光信号を使い，中継器の中の増幅や再生（ディジタルの場合）などの機能は電気信号で実現しているわけである．

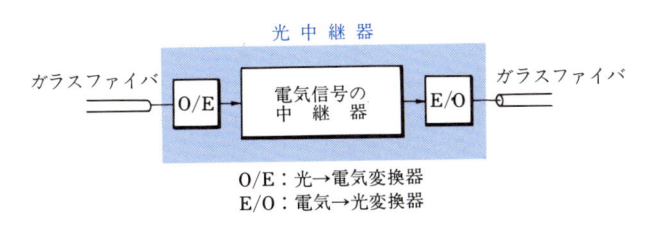

O/E：光→電気変換器
E/O：電気→光変換器

図4.19　光中継器の構成

光中継器で最も重要な素子は，強度変調を行う発光素子で，半導体レーザと発光ダイオードがある．半導体レーザは3.9節で述べたが，輝度が大きく，スペクトル幅は狭く，高速変調ができるなどの利点があり，光通信では広く用いられている．受光素子は，フォトダイオードと，これをさらに効率よくしたアバランシュフォトダイオードが広く用いられている．使用波長は2.3節で述べたように，陸上方式の場合，最も帯域の広い長波長帯の$1.3\,\mu m$近傍がよく用いられており，海底方式の場合には，最も損失の少ない$1.55\,\mu m$がよく用いられている．なお，2.3節でも述べたように，分散シフトファイバの開発により，最低

損失と最大帯域の波長を 1.55 μm に一致させることができるようになったので，これからは 1.55 μm が広く使用される傾向にある．

　多重度を上げるにはベースバンド伝送の伝送速度を上げればよいが，そのほか，別の波長の光を搬送波として，同一ファイバに重ねて伝送することも可能である．このような方式を**波長多重伝送方式**という．この場合には，送信側には各波長の光を集める合波器，受信側には逆に分離する分波器が必要である．これはプリズムを用いてもよいが，通常は特性のよい干渉膜フィルタか回折格子型フィルタが用いられる．このような波長多重伝送は，単方向ばかりでなく双方向としても利用可能である．これらの模様を図 4.20 に示す．

　波長多重伝送方式は，建設当初にチャネルが少なく，後でチャネルを追加するような必要性に迫られたときに，新たに光ファイバを増設せずにすむ利点がある．これは加入者系のように，後になって加入者から新たな情報サービスの追加を要求されたときなどに有効で，需要変動に対し施設面で柔軟に対応できることから期待される方式である．

　光ファイバ伝送方式は，これまで述べたように光ファイバが極めて優れた特長をもつことから，1980 年代に入ってから各種の方式が次々に実用化されてい

(a) 単方向波長多重伝送

(b) 双方向波長多重伝送

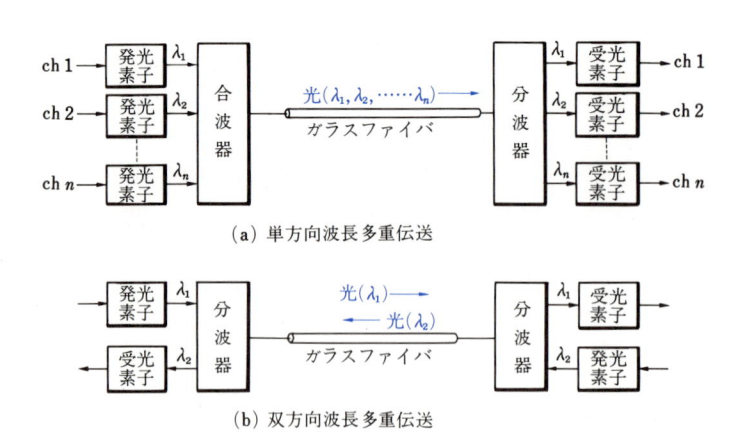

図 4.20　波長多重伝送方式の構成

る．初期の実用化は，まだファイバが高価だったこともあって，中長距離の伝送方式が対象となり，従来の同軸ケーブルによる伝送方式に代わる方式としてディジタルハイアラーキの各次群に対応し開発された．その後は，光ファイバと半導体レーザの急速な進歩により，中継距離の長大化と高速化（大容量化）が進められ，中継距離では最長 80 km，伝送容量では最大 10 Gbit/s の方式が実用に供されるに至っている．このことは，従来のアナログやディジタルの大容量同軸方式の中継間隔が 1.5 km であったことと比較すると，光ファイバ伝送方式がいかに優れた方式であるかが理解できよう．

現在広く用いられている光ファイバ伝送方式の代表例をあげると，使用波長は陸上方式が $1.3\,\mu m$，海底方式が $1.55\,\mu m$ であり，使用ファイバは中小容量近距離方式がグレーデッドインデックスのマルチモード，大容量長距離方式がシングルモードで，中継間隔はそれぞれ 20 km 程度と 40 km（最近実用化された分散シフト光ファイバ使用の方式では 80 km）となっており，海底方式はシングルモードで中継間隔 80 km となっている．

光ファイバや半導体レーザを中心とする光伝送関連の技術分野の進歩は，実に目まぐるしいものがある．以下に最近の研究状況から，実用化を終えたものと，近く実用化に移るのではないかと期待され話題となっているものを展望してみる．

ファイバ関係では，分散シフト光ファイバのほかに**光ファイバ増幅器**がある．これはファイバに希土類元素（Er；エルビウム）を添加したファイバを使い，これに別の励起用のレーザからの光（波長 $1.49\mu m$）をカップラー（合波器）を通して入射し，信号光（波長 $1.55\mu m$）に重ねてファイバ内を伝送させて誘導放出の状態を作り，信号光が増幅できるというものである．つまり，前の光中継器で述べたような O/E 変換—電気信号の中継器—E/O 変換の過程を，光信号の直接増幅に置き換えるという画期的な中継器に変貌するわけである．この光ファイバ増幅器の特長は，高利得，高出力，高効率，広帯域，低雑音のほか，ファイバとの接続の容易さ，偏波依存性がないことなど，多くの優れた内容を有している．また，零分散最低損失波長の $1.55\mu m$ の光伝送によく整合し，線形

増幅なので信号の伝送速度や伝送符号形式にも左右されない点からも有利である．光ファイバ増幅器はすでに 10 Gbit/s の方式の中で線形中継器として導入され，従来の再生中継器と混合使用（線形中継器間隔 80 km，再生中継器間隔 320 km）されている．

レーザ関係では，高速性，スペクトル純度，出力などの点から有利な分布帰還形レーザがすでに開発されており，コヒレント光通信の実用化も現実のものとなりつつある．コヒレント光通信は，光を超高周波の波として使えることを意味し，ヘテロダイン検波などの技術が利用でき，中継距離の長大化や超大容量伝送に向けての期待が非常に大きい．

システム的なものでは，加入者系の光化が最近注目されている．従来，ユーザ端末に入る加入者線は，利用率が低いことなどから伝送方式の導入は経済的に無理であり，信号をそのまま送るベースバンド伝送の形式となっていた．しかし，最近のディジタルネットワークの普及と情報端末速度の高速化，さらに ISDN の進展などにより加入者線に高速ディジタル信号を伝送する機会が増加しつつあり，加入者線伝送のあり方が重要視されてきている．その対策として，最近光ファイバを適用する **FTTH**（Fiber To The Home）と呼ばれているシステムが実用になりつつある．

5 信号の交換

5.1 概　要

　交換は，多数の端末が接続されている通信網で，任意の端末間に通信のための経路を作る技術であり，交換のための装置が交換機である．端末の数が多くなれば1つの交換機のみで接続を行うことは無理なので，図5.1のように複数の交換機とこれらを相互に結合する中継線により通信網を形成する．

　図からわかるように交換機としては，加入者からの加入者線を収容し，それらの相互接続を主な役割とするものと，中継線のみを収容し相手局へ伸びている中継線の空線の選択を主な役割とするものの2種がある．そこで使用される

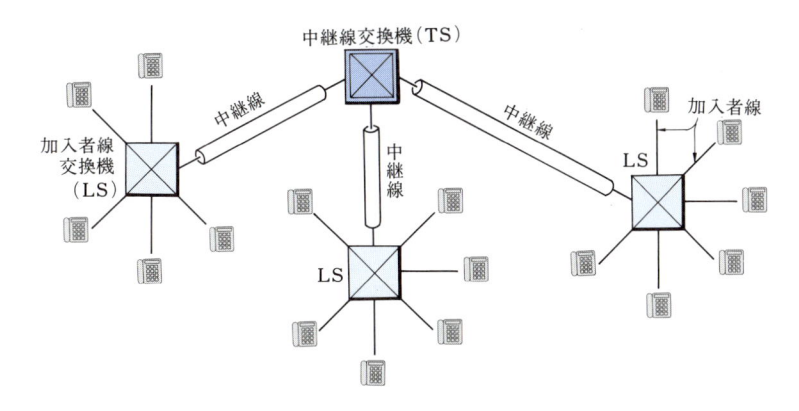

図5.1　中継線による交換機の接続

100　5. 信号の交換

交換機は，前者を**加入者線交換機**(local switch；**LS**)，後者を**中継線交換機**(toll switch：**TS**) と呼んでいる．

中継線交換機も多数になると，交換機相互をすべて中継線で結んだのでは線が多くなるので，区域ごとにいくつかの中継線交換機をまとめて，上位の中継線交換機を設置するのが一般的である．わが国の電話網は以前，3つの中継交換階梯を設定し，伝送路としては7リンクとなる網構成を基本としていた(図7.8参照)が，近年は電話網のディジタル化の際に網構成が簡略化された (7.2節参照)．

交換機の基本機能は，加入者からの要求に応じ，端末や中継線間の接続を行うことである．これをもっと具体的にいえば，加入者が受話器を上げて発呼してから，通話が終わって受話器を下ろすまでの交換機の動作の流れは，図5.2のようになる．このように交換機の接続動作の上では多くの制御信号が必要で，

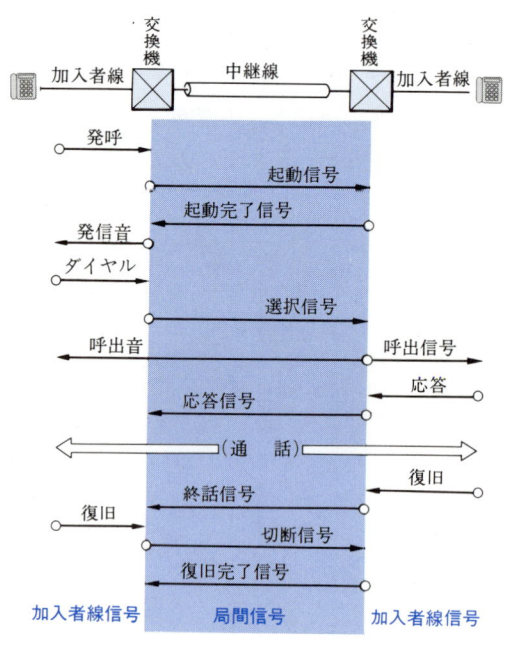

図5.2　交換動作の流れ

大別すると加入者・交換機間の加入者線信号と，交換機相互間の局間信号とから成り立っている．加入者線信号は，電話機とLSとの間で送受する．その内容は，7章の電話機のところで述べる．局間信号は，アナログ伝送では帯域内の多周波信号および帯域外の3,850 Hzが使用され，ディジタル伝送では特定ビットを挿入し使用している．電子交換機が実用となってからは，このような制御信号を情報信号と別ルートで送る共通線信号方式が使われるようになってきている．

これらの機能を実現するための交換機は，図5.3のような基本構成となっている．図に示す信号装置は上述した機能を行うためのものであり，通話路スイッチ網は通話の接続経路を作るものである．また制御装置は，スイッチ網を制御するものである．通話路スイッチ網は，交換機の中心を占める最も重要な装置である．この装置は，概念的には入線と出線*の間で任意の接続を行うために，図5.4のような格子スイッチからできている．各交点にはリレー接点やトランジスタなどの電子ゲートを配置し，これを制御装置からの信号で開閉して経路を作る．そして，自局内の加入者相互間や，中継線を通じ他局の加入者に接続することになる．電話機を直接収容する加入者線交換機のスイッチ網は，電話機の使用率が低いため，通常は一度集束網で呼をしぼってから分配部に入れる図5.5の構成をとっている．

交換機の発展を振り返ってみると，交換手が介在しない最初の自動交換機は

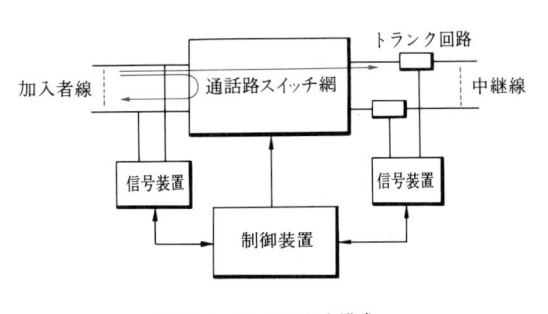

図5.3 交換機の基本構成

*交換用語で入力線と出力線を指す．

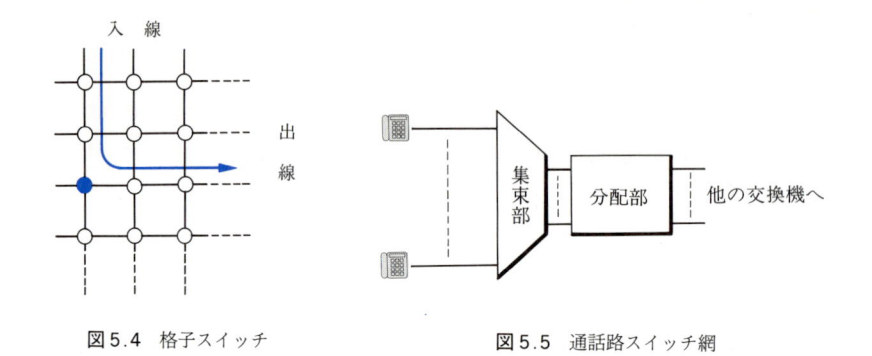

図5.4　格子スイッチ　　　　　図5.5　通話路スイッチ網

ステップバイステップと呼ばれる交換機で，わが国では大正12年の関東大震災の直後，東京など大都市に導入された．

　ステップバイステップ交換機は，通話路スイッチ網と制御装置を一体構造とした個別制御と呼ばれる方式である．これは，ダイヤルパルスで上昇回転形の機構を動かし，出線側の接点列を摺動するスイッチを単位とし構成されている．そして，ダイヤルパルスの桁ごとに出線選択を繰り返しながら，接続を先に順次伸ばしていく方式である．効率が悪いことと，新しい機能追加がほとんどできないことから，第2次大戦後，昭和30年以降はクロスバ交換機に移行した．

　クロスバ交換機は，ダイヤルパルスを一度蓄積し，その情報を解釈して通話路の設定を行う共通制御方式の交換機である．スイッチ回路を構成しているのがクロスバスイッチで，図5.4を実現するのに水平軸と垂直軸の入線と出線の数だけ設けられた電磁石を駆動して，交点の接点を開閉させて接続するわけである．クロスバ方式の制御回路は，ワイヤスプリングリレーの組合せで構成されている．

　以上述べた交換方式は，すべて電磁部品による機械接点の組合せによるものであった．最近のコンピュータによる情報処理技術と，IC，LSIを使用する電子回路の発展はめざましいものがある．一方，電気通信サービスも多様化し，種々の新サービスが出現している．これらを効率的に処理するためには，制御機能の可変性が必要である．このような観点から，電子化と制御機能の変革を

軸とした電子交換の時代に変遷していくことになった．電子交換は，まず通話路系の空間分割から始まり，次いで時分割へ，つまりディジタル交換に進むこととなった．以下に，空間分割の電子交換（アナログ交換）とディジタル交換について述べる．

5.2 アナログ交換

　交換機は図 5.3 の基本構成で示されるが，クロスバ交換機では各部の装置がすべて電磁機械系部品からなっていた．これを電子化する流れは，まず制御装置から始まり，次いで通話路スイッチ網へ進むことになる．一般に，これらをすべて**電子交換機**と呼んでいる．

　最初の電子交換機は，制御装置に電子計算機で使用されている**蓄積プログラム制御方式**（stored program control；**SPC**）の概念を導入したことに大きな意義がある．従来，通話路スイッチの制御を行うときは，制御の手順を論理回路や記憶回路の動作および回路間を結ぶ布線で実現する，いわゆる**布線論理**（wired logic）と呼ばれる方式を使用していた．しかし，蓄積プログラム制御方式では，制御手順をプログラムの形で記憶装置に蓄えておき，このプログラムに従って制御機能を実現している．このため，制御論理がソフトウェアとなり，機能の追加，変更に対し，プログラムの書き換えだけで容易に対処できる利点が大きい．

　図 5.6 は，電子交換機の構成を示したものである．通話路網は通話の接続を行う装置で，接続のためのスイッチを空間的に配列している．

　わが国の電子交換機の通話路網は，初めは経済性，信頼性から小型クロスバが使用されていたが，その後，多数の接点をまとめて金属ケースに封入したスイッチ（多接点封止形スイッチ；SMM）が開発され，小型高性能なことからこれに移行している．米国では，ガラス封入したリード型接点と駆動コイルからなるリードスイッチが使われている．

　駆動装置は通話路スイッチの開閉を行う装置であり，走査装置は加入者線や

104   5. 信号の交換

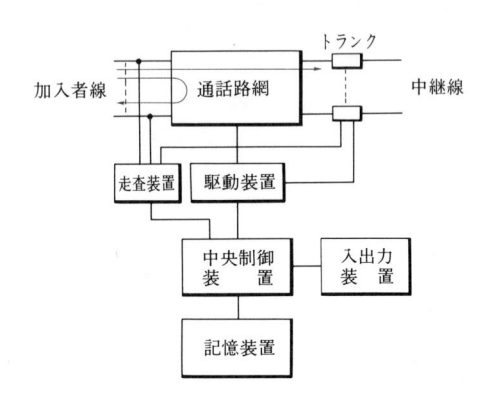

図5.6 電子交換機の構成

中継線の状態を周期的に監視し，中央制御装置に通報する装置である．中央制御装置は，プログラムに従って動作する論理演算回路で構成され，電子計算機のCPUとほぼ同様の機能をもつ装置である．記憶装置は，交換動作を定めるプログラムや各種データ，各装置の動作状態が記憶されている．当初の電子交換機の主記憶装置には磁心メモリが使われたが，その後まもなくICメモリに代わり，さらに現在では電子計算機の場合と同様，LSIメモリが使用されている．

交換機本体の電子化は，すべてにわたって進められ，通話路網を除きその目標が達成され，従来に比して著しく小型化された．特に，蓄積プログラム制御方式を用いた電子交換機の導入は，交換の制御に可変性の特長を具備することができるようになり，各種新サービスの導入，網制御機能の導入，保守・運用の容易性など，多くの利益をもたらした．

以上に述べた電子交換機は，通話路網が**空間分割方式**と呼ばれているもので，スイッチを流れる信号電流は音声信号そのままである．これに対して，**時分割方式**と呼ばれているものは，信号がPAMやPCMのような時分割の変調形式の場合を指すが，現在使われているのは特性のすぐれるPCMで，信号は2値のディジタル信号である．そのため，空間分割方式の交換機を**アナログ交換機**，時分割方式の交換機を**ディジタル交換機**と呼ぶことが一般化されている．ディ

ジタル交換機については，次節で述べる．

5.3 ディジタル交換

ディジタル交換の原理を理解するには，まず一般化された時分割変換の原理から理解するのがわかりやすい．時分割変換の原理を図5.7に示す．いま，n チャネルの入線を1本のハイウェイ（共通線）に，それぞれ $t_1, t_2 \cdots\cdots, t_n$ で時分割変調された多重化信号の形で伝送し，受信側で $t_1', t_2', \cdots\cdots, t_n'$ で復調分離することを基本とする．ここで，$t_1=t_1', t_2=t_2', \cdots\cdots, t_n=t_n'$ とすれば，単なる多重化と分離の操作を行っただけとなるが，この送受間の対応するチャネル間の時間関係を変更すれば，チャネル入替えができることになる．

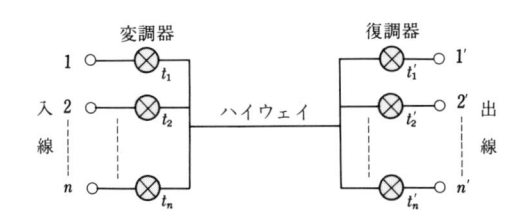

図5.7 時分割変換の原理

実際には時分割の変調方式としてPCM方式を使うので，交換機に入る信号がPCM信号の場合にはそのままでよいが，音声信号の場合には符号化装置によりPCM信号に変換しておかなければならない．交換機内の操作はハイウェイ上に**時間スイッチ（Tスイッチ）**を置き，チャネルのタイムスロット位相を入れ替えて行う．すなわち，図5.8の通話メモリに入ハイウェイからきた時分割多重信号を順次書き込み，別の時間（制御プログラムで読出し順序を指定）で読み出すわけである．これにより，信号パルス列は一部並べ替えられたことになる．

ディジタル交換機には，このTスイッチのほか，入ハイウェイと出ハイウェ

106   5. 信号の交換

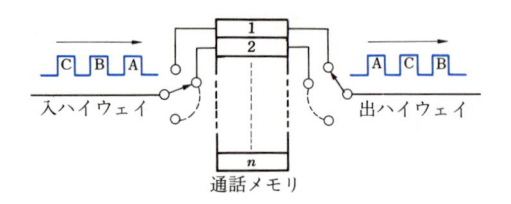

図5.8 時間スイッチ

イの間に図5.4に示したような電子化格子スイッチを配列し，個々のチャネルのタイムスロットでハイウェイ間の接続を行うスイッチがある．これは，チャネル間を時間的に入れ替えるのではなく，入側と出側のハイウェイ間を，ある時間だけ交点を閉じて接続するだけなので，**空間スイッチ（Sスイッチ）**と呼んでいる．ディジタル交換機の通話路スイッチ網は，Tスイッチ，Sスイッチを組み合わせて構成されている．図5.9はその一例である．実際のディジタル交換機のハイウェイを流れる信号は，1チャネル分8ビットPCM信号を単位とし，2^nチャネル多重した速度となっており，加入者線交換機では32多重の2.048 Mbit/s，中継線交換機では128多重の8.192 Mbit/sを採用している．

　以上は通話路網のことであったが，制御系は前に述べた蓄積プログラム制御方式がそのまま使われている．

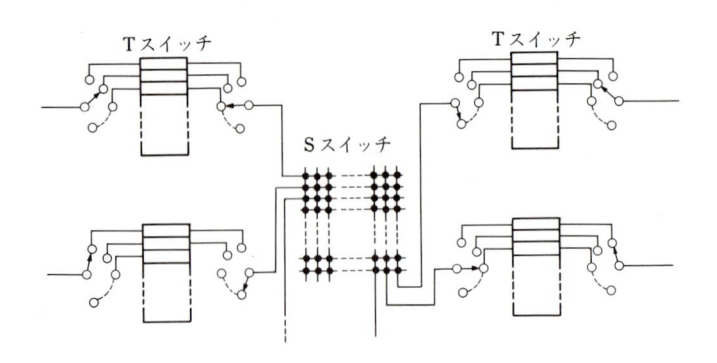

図5.9 T-S-T 構成の例

5.3 ディジタル交換

ディジタル交換機の最大の特長は通話路信号の時分割化（ディジタル化）であり，使用部品は LSI を中心とした電子部品である．アナログ交換機の場合は，電磁部品による機械スイッチであったので，その変革は非常に大きい．このことから生ずる大きな問題に，加入者回路がある．加入者回路は図 5.10 に示すように，交換動作のために加入者と交換機の間の交換機制御信号のやりとりの上で必要な回路である．

ディジタル交換機で必要な加入者回路の機能は，通称 **BORSCHT 機能**と呼ばれ，具体的には次の内容のものである．

B：通話電流の供給（battery feed）
O：過電圧保護（over voltage protection）
R：呼出信号（ringing）
S：ループ監視；発呼検出，終話監視，応答監視（supervision）
C：ディジタル/アナログの信号変換（coder/decoder）
H：2 線/4 線の変換（hybrid）
T：試験（testing）

アナログ交換機の場合の加入者回路は，上記機能の多くが通話路系の中継線側に加入者共通として設置されていた（当然 C の機能はない）．もちろん，これは加入者共通なので，数は少なく効率がよい．ディジタル交換機の場合には，通話路系の部品が LSI になるので，直流 48 V の通話電流や呼出信号，ハウラ信号（受話器はずれのための警報）など高電圧信号を通すことはできない．また，ディジタルとなるので，当然新しく C と H の機能が加わる．そのため，図 5.10 のように，すべて加入者側に 1 人 1 人の加入者に対応し個別に設置してやらなければならず，加入者回路の経済化が非常に重要な研究開発課題となり，LSI 化が推進された．

ディジタル交換機は，入線側，出線側の情報信号がディジタル化されていることが必要条件で，もしアナログの場合にはあらかじめ情報信号を PCM 化しておかなければならない．したがって，交換機に接続されている周囲からの伝送路が，すでにディジタル化されていれば効率がよく，伝送路を流れる情報が

108　5. 信号の交換

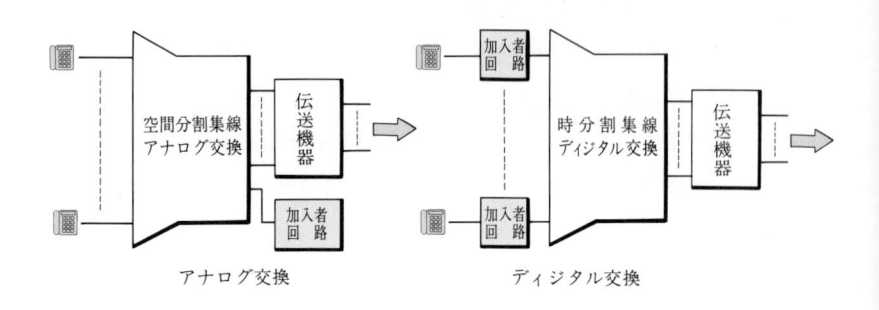

図5.10　ディジタル交換機における加入者回路

　PCMの多重信号であれば，簡単な速度変換により多重レベルのままで交換することができる．従来のアナログ交換の場合のように，周囲の伝送路がたとえディジタル化されていても，交換する際に一度復調してもとの原信号にもどして交換していたときに比べると，非常に効率がよい．また，長距離通信の場合に，途中で何度も交換機を経由することになるが，このとき変復調を何度（最大7回）も繰り返す必要がないので，経済性，伝送品質の観点からいって，そのメリットは非常に大きいものがある．

　一般には，伝送路で使用しているディジタル信号と，ディジタル交換機のハイウェイで使用するディジタル信号の伝送速度は，整合をとらなければならない．したがって，図5.11のように，伝送路と交換機の間にインタフェースをとる同期端局が必要である．また，交換機は通信網の中ではノードとしての役割をもち，多くの他のノードからの伝送路（リンク）と2次元的広がりで接続さ

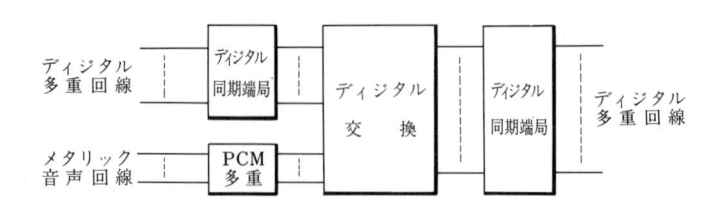

図5.11　伝送路とディジタル交換機の接続

れているため，後述する通信網同期が必要となる．

　以上に述べたディジタル交換機は，交換機の発展の歴史の中では画期的なものであるが，これは単に交換機だけのことではなく，通信網のディジタル化を進める上でも大きな意味をもつものである．事実，ディジタル伝送と共に後で述べるISDN構築の上で，大きな役割をもつこととなった．

　一方，技術の進歩は止まることがなく，将来に向けての種々の研究がなされているが，その中から最近のトピックスとして光交換機とATM交換機について簡単に述べておく．伝送では，すでに光ファイバ伝送に変貌しており，さらに近い将来，光ファイバ増幅器により完全に光信号だけで伝送することが可能となれば，交換機も電気信号から光信号による処理に移ることが望ましく，通信網の全光化が完成し，超高速ネットワークが現実のものとなる．このようなことから，光交換機の実現に期待がかけられており，新しい光部品の開発を中心にして研究が進められている．ATM交換機は，最後の章で若干述べるが，各種の情報メディアを対象とするISDNで有力な交換機として位置づけられ，現在多方面で精力的に研究が進められているものである．その特長を簡単にいえば，次節で述べる回線交換とパケット交換の両者の長所を生かすように工夫されたものであり，次世代の交換機といえよう．

5.4　回線交換とパケット交換

　交換方式には，回線交換とパケット交換がある．

　回線交換は，発呼から切断まで通信回線が特定のユーザにより専有される方式である．つまり，ユーザがダイヤルすると相手側との間に最短経路で物理的に伝送路が設定され，切断までの通信時間内は交換機が関与しないものであり，たとえ通信時間内に信号を送っていない空き時間が多く含まれていても，距離と通信時間で決まる料金がかかる仕組みとなっている方式である．この方式は通常の電話網で広く使われており，交換機はこれまで述べてきたものであり，特に断わらない限り交換機といえばこの方式を指している．

これに対して**パケット交換**は，近年主としてデータ通信用の交換として発展してきた蓄積型の交換方式である．パケット交換は，情報信号を**パケット**（小包の意味）と呼ばれる一定の長さのブロックに区切り，これに宛先などをつけて網内に転送し，相手側で元の情報に戻す方式であり，図 5.12 はその原理を示したものである．もっと詳しく説明すると，端末から送出された情報はパケット交換機で一定の長さ（特に決まっていないが 2,000 ビット程度）に区切られ，宛先や順序などの情報からなるヘッダをつけてパケットに組み立て，一旦交換機に蓄積し，通信回線の空き状況に応じて転送する．パケットには宛先がついているので，伝送経路をネットワークの混みぐあいに応じて任意に選択することができ，また別の端末からのパケットを混在させることもできる．すなわち，回線交換のように伝送路を専有するのではなく，他のユーザと共有するわけであり，一方ネットワーク内の混雑も平準化され，その結果，伝送路，ネットワークの利用効率が高くなる利点がある．受信側の交換機では，パケットの順序を送信時の順序に並べ変え，元の情報に復元し端末に転送する．

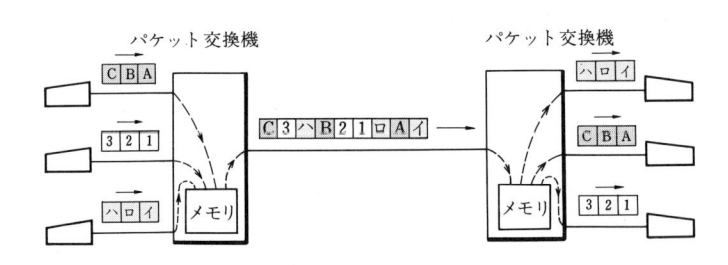

図 5.12　パケット交換の原理

以上に述べた回線交換網とパケット交換網の違いは，通信網を道路網に置き換えて考えてみると，よりわかりやすく理解できる．いま，多くの人（情報信号）が複数の自動車に分乗して，目的地に向かう場合を考える．回線交換の場合には，最短コースに当たる道路を一定時間専有的に借りてドライブする形になるので，自動車の列が密であろうと疎であろうと，道路利用状況には無関係（つまり料金は同じ）である．しかし，パケット交換の場合には，一般の道路を

5.4 回線交換とパケット交換

共用しながらドライブする形になるため，個々の自動車（パケット）のドライバの判断（パケット交換機）で，近道を選んだり渋滞を避けたりするなど，自由にコースを選ぶことができることになる．このことは，それぞれが目的地を知っているし，車列の順序もわかっているので，何も問題はない．その結果，道路網の渋滞は平均化され，利用者から見た道路の利用状況は，回線交換に比べるとわずかなもの（安価）となる．

パケット交換では，蓄積型の交換方式なので，伝送路の雑音による符号誤りに対しては，別に付けられた誤り検出符号を受信側でチェックし，符号誤りが検出されれば信号を送信側から再送してもらうことができる．このことから伝送品質が高くなる長所もあわせもっている．

これまでは，パケット組立機能をもたない一般的な端末（**非パケット端末；NPT**）を使った場合について述べたが，パケットの組立と分解の機能（**PAD**；Packet Assembly and Disassembly）をもつ端末（**パケット端末；PT**）もあり，パケットの組立・分解は，端末，網側のいずれで行ってもよい．図5.13にPT端末とNPT端末を使ったパケット通信の形態を示すが，この中でPT端末が複数のNPT端末と同時に通信しているパケット多重通信の例も含めて示す．なお，これらのパケット交換関係のプロトコルは，CCITTのX.25としてすでに標準化されている．

以上に述べたパケット交換の特徴をまとめると，次のようになる．

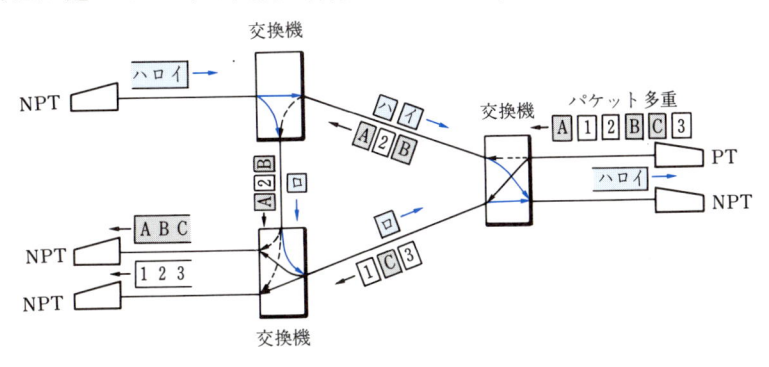

図5.13 NPTとPT間のパケット通信

■利点
① 伝送路，ネットワークの有効利用：パケット化による空き時間の利用と経路選択の自由度による網の有効利用
② 伝送品質の向上：データリンクごとの誤り制御による再送
③ パケット多重機能：同時に複数相手と通信可能
④ 蓄積機能により異速度端末間通信，異手順端末間通信が可能
⑤ 料金は距離にほとんど関係しない従量制で経済的

■欠点
① パケットの組立・分解の処理が必要
② 通信に遅延があること
③ ソフト処理が多いので高速度の通信は不可能

したがって，パケット交換は，一般に遅延を伴うことから電話のような会話型通信には向かず，通信密度の低いデータ通信に適した通信形態であるといえる．

6 衛星・移動通信

6.1 衛星通信

[1] 概　要

　最初の人工衛星は1957年，ソ連によって打ち上げられたスプートニク衛星（科学衛星）であるが，通信衛星としての第1号は1960年，米国によって打ち上げられたエコー衛星である．これは，アルミはくで作られた風船状の衛星で，地球からの電波を反射するだけの簡単なものであった．本格的な通信衛星は1963年，米国により打ち上げられたシンコム衛星で，赤道上の定位置に静止しているいわゆる静止衛星である．

　現在，インテルサット（国際衛星通信機構）により，太平洋，大西洋，インド洋に打ち上げられた静止通信衛星が，国際通信において重要な役割を果たしている．さらに国内でも，1983年に打ち上げられた通信衛星"さくら"，放送衛星"ゆり"により本格的実用時代に入っている．一方，大洋を航行する船舶のための衛星としてインマルサット（国際海事衛星機構）があり，航空管制用の衛星も計画されるすう勢にある．

　これらの衛星通信の特長は，
① 超遠距離通信が距離に無関係に，広範囲にわたって可能なこと．
② 衛星による1中継のみの通信なので，どの地域への回線も均一の伝送品質になること．
③ 多数の地球局から1つの衛星を介して，同時に相互の接続をする，いわ

ゆる**多元接続**（multiple access：MA）ができること．

などである．しかし，高伝搬損失，通信衛星の信頼性，長伝搬時間などの問題点もある．

　通常の通信衛星は，地球の赤道上 36,000 km の高さに設置され，地球の自転と同一周期で地球の周りを回転している．したがって，地球局から見ると，衛星は常に同一のところに静止して見え，地球局のアンテナの向きを固定しておくことができる．このような衛星を**静止衛星**と呼び，その模様を図 6.1 に示す．地球局の置かれる地域が赤道から離れるに従って，アンテナの仰角は小さくなり，通信が困難になる．そのため，極に近い地域では，長楕円軌道で回るモルニア衛星を使っている．

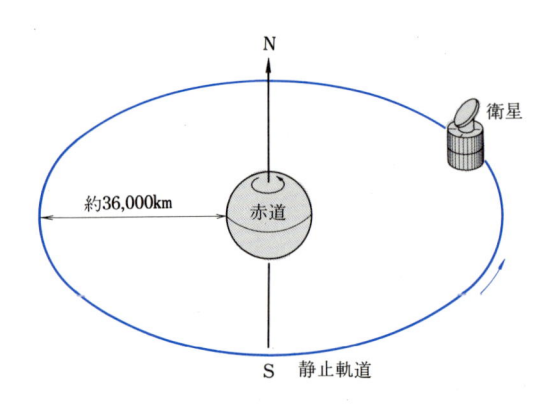

図 6.1　静止通信衛星

[2] 静止衛星

　静止衛星をいつも同じ位置に保つためには，ガスジェットを噴射して制御してやることが必要である．衛星の寿命は約 7 年となっているが，これはガスジェットの燃料の量で制約されている．また，通信衛星のアンテナは，常に地球局に向けておくことが必要なので，衛星の姿勢を安定に保つには特別の工夫が必要である．その制御方式としては，**スピン安定化方式**と **3 軸制御方式**とがあ

る．

(1) スピン安定化方式

これは，"こま"と同じ原理で，衛星をドラム形にして回転させ，安定化させるものである．ただし，アンテナは常に地球局に向けておかなければならないので，アンテナを衛星のスピンと逆方向に回転させておく必要がある．すなわち，スピンを2重にかけていることになる．通信機器に必要な電力は太陽電池から供給するが，太陽電池はドラムの周囲に貼りつけておく．通信衛星全体のイメージを図6.2に示す．この方式は，現在打ち上げられている通信衛星"さくら"に採用されている．

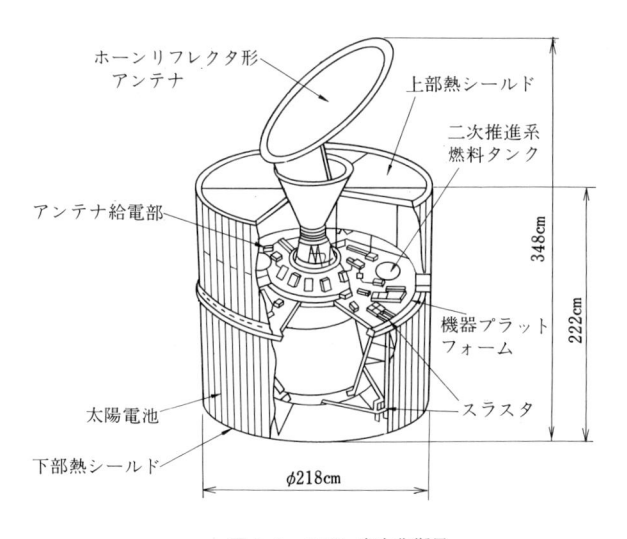

図6.2 スピン安定化衛星

(2) 3軸制御方式

一方，3軸制御衛星は，衛星本体は回らず，高速で回る"こま"を内蔵した方式である．この場合には，太陽電池は傘の仕組みを使って静止位置に到達した後，平面状に展開する構造を採用することができるので，全面を常に太陽に向けることが可能となり発電効率がよく，大電力を要する衛星に適した方式であ

る。現在，打ち上げられている放送衛星"ゆり"では，この方式を採用している。

[3] 機 器

衛星に搭載される通信機器は，**トランスポンダ**（中継器）とアンテナである．トランスポンダは，送受信分波器，低雑音受信機，電力増幅器などからなり，変調方式としてはFMが使われている．その基本機能は，地上のマイクロ波伝送方式と同様である．アンテナは，照射する地域を十分能率よくカバーするため，ビーム成形することが重要である．

衛星には，通信機器のほかに太陽電池，ガスジェットモータそして燃料などが積み込まれる．これらの総重量は，打上げロケットの能力に関連してくるので，できるだけ小型，軽量としなければならない．最近は，かなり重量のある高性能の衛星も打ち上げられるようになり，"さくら"や"ゆり"では約500 kgとなっている．

使用している部品，材料には，小型，軽量のほか，宇宙空間が真空であること，太陽光のあたる面と影になる部分の温度差が大きいこと，打上げ時の激しい衝撃に耐えられることなど厳しい要求条件がある．そのため，条件に適合した高信頼度の部品，材料が精選されている．

[4] 特 徴

衛星通信方式は，多額の建設費を必要とするが，遠距離でも品質は良好で，また多地点へ同時通信ができる特長をもっている．したがって，近距離では地上方式に劣るが，遠距離では有利となるので，現在は国際通信が中心となっている．

衛星通信と衛星放送について機能面を比較すると，通信は1対1の双方向通信であり，限定された地球局を相手にするので，衛星側の送信電力を10〜20 W程度と比較的小さくし，地球局側を大口径アンテナを使用した大送信電力として，地球局側の負担を多くしている．これに対し，放送は1対NでNが大き

い広範囲の単方向通信であり，多くの地球側受信局の設備を簡易，安価としたいため，衛星側の送信電力を 100～200 W 程度と比較的大きくしており，衛星側の負担を多くしている．また，使用電波は電離層の影響を受けないような高周波としなければならない．使用周波数とトランスポンダの数は，通信では準ミリ波帯が 30 GHz（地上→衛星），20 GHz（衛星→地上）を 6 系統，マイクロ波帯では 6 GHz と 4 GHz で 2 系統（1 系統は電話換算約 50 ch）となっている．放送では 14 GHz と 12 GHz を使用し，カラーテレビ 2 ch を収容している．

衛星の通信方式の特長の一つとなっている多元接続は，地上の多数の地球局から 1 つの衛星を使用して，任意の相手と同時に通信回線を相互接続するものである．このように自由に相手を選び接続できる機能は，一種の交換と考えることもできる．それぞれの回線を互いに干渉せずに設定する方法として，**周波数分割多元接続**（frequency division multiple access；**FDMA**）と**時分割多元接続**（time division multiple aceess；**TDMA**）とがある．

図 6.3 に FDMA の原理を示す．地球局から衛星への回線は，帯域を小分割し，これを単位に群交換（いくつかのチャネルをまとめて交換）する．例えば，図で地球局 A から地球局 C に通信するためには，A からの電波 F_1 が衛星で増幅，周波数変換されて F_a となり，各地球局へ向け発射される．B，C で同時受信さ

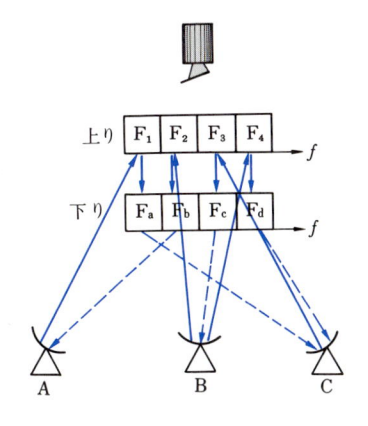

図 6.3　FDMA の原理

れるが，自局向けの信号を取り出し回線が設定される．FDMA は，インテルサットで広く使用されている．TDMA も，同様に一定周期の時間を分割したタイムスロットで群交換を行うが，音声通信では一定周期を標本化周期の 125 μs に設定している．

以上述べたように衛星は，比較的容易に遠距離通信回線を設定できるので，国際通信では重用されている．わが国でも国内衛星通信として，主に離島のための通信，臨時回線の設定，災害時の通信の確保に用いられている．また，これとは別に，国内向けの衛星放送として，過疎地向けや新しいハイビジョンの放送に用いられている．

衛星通信の欠点を強いてあげると，伝搬時間が大きいことである．これは，地上から赤道上 36,000 km の衛星を経由して地上に到達するのにかかる時間で，約 0.26 秒を要する．このため会話の際に声が遅れるので，多少不自然に感ずる．また，電話回線の 2 線-4 線変換時の平衡度の不完全さで生ずる反響（エコー）の点でも問題となり，エコーキャンセラの挿入が必要となる(7.1 節参照)．しかし，これらは会話の際に支障となる問題で，放送やデータ通信のような 1 方向情報伝送の場合には，当然ながら支障はない．

今後の衛星通信技術は，大きな流れとして打ち上げロケットの進歩と並行し，衛星の大型化に進むものと考えられる．その結果として，大口径アンテナや大型機器の搭載が可能となって送信電力が大きくなり，相対的に地球局のアンテナや機器が小型化，簡易化されることになり有利になる．また，大型アンテナは電波のビームを絞ることができるので，従来の 1 ビームと異なり複数の放射器を使い，周波数を変えたマルチビームの形式で，複数のサービスエリアを照射する効率的な方法も可能で，実現への期待は大きい．そのほか，多元接続のTDMA や高能率ディジタル変調など，ディジタル化も着実に進展すると思われる．

衛星通信は，最初に述べた特長を有する通信システムであるが，地表の無線システムが非常に混み合ってきている現在の状況下では，今後経済化が進むに従って，移動通信，遠距離通信の分野で活用されることになろう．また，放送

の分野では，すでに標準TVと高精細のハイビジョンTVの衛星放送がサービスされているが，2000年からはこれらのディジタル放送も開始されている．衛星放送は，世界の出来事が即時に各国に中継され，TVで直ちに見られるなど，大容量の情報の速報性には大きな魅力があり，発展が期待される分野である．

6.2 移動通信方式

[1] 概要と特徴

　移動体の通信は，どこからでもできる通信形態として通信の理想像の1つであり，将来に向けての発展が期待できる分野である．この方式は有線のような伝送媒体が不要という無線通信の特長を最大限に活用したものであり，現在すでに携帯電話をはじめ，簡易型携帯電話の性格を有するPHS（Personal Handyphone System），列車電話，船舶電話，タクシー無線，無線呼び出しなどが盛んに利用されている．このような移動通信方式の中で代表的なものは，高度の機能・性能をもち，かつ現在驚異的な勢いで普及している携帯電話およびPHSである．この後は携帯電話とPHSについて述べる．

　携帯電話はその前身である自動車電話としての研究に長い苦難の歴史がある．自動車電話として早くから使われていたのはタクシー無線である．ここで使われているのはプレストーク方式と呼ばれているもので，固定局も移動局も同じ周波数を使うので通話の際に押しボタンを押して交互に通話する簡単なものである．これに対して不特定多数の相手と自由に通信できる自動車電話方式は，固定通信とは大きく異なる次のような特異性があり，高度の新技術の開発が必要となる．それから生ずる多くの困難な問題を解決するために，高度の技術が要求される．その主なものを以下に列挙する．

① 最悪の電波伝搬条件下の通信
　　移動に伴う受信電界の変動，多重反射波の影響，不感知対策
② 周波数資源の有効利用
　　セル方式，変調・符号化・多重化における狭帯域利用

③ 移動機の追跡制御と位置管理
　隣接基地局間の周波数切替え，追跡交換，移動機の位置登録と呼び出し
④ 移動機端末（携帯電話）の小型軽量
　携帯の便利性向上，低価格

　最初の自動車電話方式は1979年にNTTにより実用化され，本格的移動通信としてサービスを開始した．サービスエリアは主要道路に沿って順次全国に拡大し，それに伴って需要は次第に増加した．その後，移動機の小型・軽量化を中心に移動通信技術は急速に進歩し，自動車電話の発展形式である携帯電話がYシャツのポケットに収まるほどの小型になり1987年から自動車電話サービスエリア内でスタートした．そして携帯電話は周知のごとくさらに発展を遂げ，また低価格化が進んだことにより急速に普及し，移動通信方式の中で完全な主役の座を占めるに至った．

　移動通信方式はかなりの期間アナログ技術で進展してきたが，固定通信がアナログからディジタルへと変革した流れを受け，移動通信の分野においても将来に多くの発展の可能性を有するディジタル化に向けての研究が進められ，1993年に実用化を終えディジタル方式が登場した．なお，ディジタル化を契機に，別の事業者のネットワークに相互乗り入れ可能とする規格の統一ができた意義は大きいと思われる．また，近年はディジタルの特長を生かしてデータ通信分野への適用も試みる状況にある．

　このようにしてできた携帯電話網はサービスエリアをセルと呼ぶ無線ゾーンで覆い，その中心に位置する無線基地局を多数結びつけて無線独自のネットワークを構成し，高度の制御を行っている．そのため設備に多額の費用がかかり，利用料金が高価になり普及に懸念される問題があった．PHSは高度の機能を具備した携帯電話方式の機能を簡略化してネットワークの設備を経済化し，利用料金を携帯電話方式より低額として普及を図った簡易携帯電話方式である．1995年7月にサービスを開始した比較的新しい方式である．携帯電話とPHSの技術の主な内容を次項で述べる．

[2] 自動車・携帯電話方式で使われている移動無線技術

　この分野で重要となる技術は，電波伝搬関連，周波数の有効利用および移動による無線回線切替・追跡接続であり，以下順に述べる．

　基地局からの電波は，途中にある建物，樹木などのために反射，回折，散乱などの影響を受け，複数の経路を経て移動機のアンテナに入る．このような多数の到来電波は，相互に干渉しあい道路上に定在波がランダムに発生する．この中を移動機が走行すると，受信電圧が激しく変動する．これを**レイリーフェージング**と呼んでいる．また，移動機が基地局に向けて走行しているときとその逆のときには，受信周波数がわずかに上下に変動する，いわゆる**ドップラー効果**が起こる．そのほかに，移動機が基地局から遠くなり隣の基地局の電波に切り替えるときには，信号対雑音比が最低になる問題がある．

　システム設計では，以上に述べたことを配慮して行わなければならない．フェージング対策としては，空間的に離れた2つのアンテナの出力を合成するダイバーシティが有効な方法とされ使用されている．これとは別に，自動車の行動範囲は非常に広いので，ビルの谷間，トンネル，地下駐車場など電波の届かないところに不感地帯を生ずる．これについては，必要に応じてアンテナ，漏れ同軸ケーブルの個別対策を立てることになる．

　自動車・携帯電話では，多数のユーザ間に混信を避けるため，原則としてそれぞれ異なる周波数を割り当てておかねばならないが，限られた電波空間なのでユーザ数には限度がある．これを解決するのが，次に述べる複数の無線ゾーン構成である．これは，サービスエリアをセルと呼ぶ小さな複数のゾーンに分けて中心に基地局を設け，隣接するセルには異なる周波数を割り当て，離れたセルには同じ周波数を繰り返して使用する構成法である．このようにすれば，周波数有効利用の面や，移動機の送信電力が小さくてすむ点で有利である．反面，移動機である自動車が隣のセルに移動したときには，使用周波数を切り替えなければならないので，移動機と基地局の両方が追跡交換の機能が必要になる．図6.4に，このような自動車・携帯電話網の概念を示す．図で無線回線制御局は，上述の無線回線の設定，切替えを行う局である．一般の電話から移動機

に電話をかけるとき，移動機の場所を探す必要があるので，移動機から使用無線ゾーンが変わるたびに予め定められたホーム局のメモリに，位置登録の信号を送る機能がある．また，走行中の移動機を隣接のセルに周波数を切り替えるのは，受信電波の強さを比較して自動的に行われ，電話網の交換接続もそれに追随するようになっている．

　移動通信の技術は短期間に大きく進歩した．その中で，方式はアナログからディジタルへと大きく変遷し，高効率化と高品質化に向けて発展してきた．次にその主要点について述べる．

　自動車電話方式としてサービスを開始した当初は，800 MHz 帯の周波数を使い音声信号の変調方式にはアナログの FM を採用していた．そして無線周波数帯域幅 15 MHz でチャネル間隔を 25 kHz とし 600 チャネルを収容していた．その後チャネル数が不足したため周波数利用効率を高めた大容量方式が開発され，12.5 kHz のチャネル間隔で 1,200 チャネルの方式に移行した．

　自動車電話方式の移動機である電話機は，1990 年頃には LSI 化をはじめ部品の小型化の研究が実を結び著しく小型軽量となった．そのため，端末機は自動車から離れ携帯電話として独立して活用できることとなり，携帯電話時代の幕あけとなった．

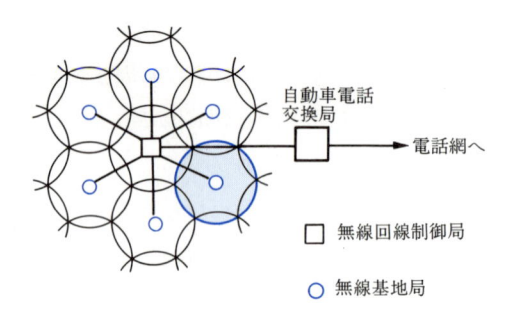

図6.4　自動車電話網

移動通信の利用の拡大と共に改善を要する問題も顕在化してきた．すなわち，①大容量化つまり周波数利用効率の一層の向上，②音声品質の改善，③データ通信などマルチメディアへの対応，④通信の秘密確保，⑤通信機器のさらなる小型軽量化，経済化，高信頼化のためのLSI化などである．これらの問題を解決するためには従来のアナログ方式では限界があり，ディジタル技術の導入が必須と考えられるに至った．1993年に研究・実用化を終えて新しく登場したディジタル移動通信方式（PDC：Personal Digital Cellular System）は，移動機が他の事業者の提供している携帯電話網に対しても使用可能（ローミングという）とするため同時に規格を統一することとなった．このことはユーザにとっても大変有意義なことであった．ディジタル方式は情報源符号化に高能率の音声符号化方式 PSI-CELP 方式（5.6 kbit/s）を，また無線変調方式に $\pi/4$ シフト QPSK を採用するほか TDMA による3チャネル多重を図るなどディジタル化に伴って懸念される周波数利用効率の低下を抑制している．その結果，上述の②以降の問題は解決されることとなった．

　携帯電話方式は本格的移動通信方式であるため移動通信網の設備が高度なものとなり，高めの利用料金となる弱点がある．そのため，パーソナル通信を普及させるために上記方式の機能・性能を簡略化した低料金のシステムの必要性が論じられるようになり，従来からあるコードレス電話に無線による移動性を付与する発想で考え出されたものが PHS である．

　PHS の特徴を携帯電話方式と比較すると以下のとおりとなる．

　①　**サービスエリア**　　PHS は家庭，事業所，屋外（駅や地下街など人の集まる公共の地域）を対象とし，セルの半径は 100 m～数 100 m でスポット的，基地局は公衆電話やビルに取り付ける程度の簡単なものである．これに対して携帯電話方式の場合は都市内全域と主要鉄道・道路沿いにセルの半径数 100 m～数 km，隣接セルを密着し連続して覆う．

　②　**移動速度**　　PHS は歩速程度の低速，携帯電話方式では車速を想定した高速となり，セル間移動による無線回路の切替え制御（ハンドオーバ機能という）が必要だが PHS にはその機能はない．

③ **ネットワーク**　PHSはセルが小さく電波利用効率が高くなるので，符号化方式に32 kbit/sのADPCM方式を採用している．またネットワークは符号化後の信号転送に64 kbit/sを基本速度とするISDNを利用している．これに対して携帯電話方式では無線回線制御局を中心とする無線独自のネットワークをもっている．

移動通信の分野は近年，ディジタル技術の導入，端末機器のLSI化による小型化，低価格化などさらに進歩を遂げ，携帯電話の本格的普及時代に入っている．しかし，技術の標準化については地域的活動にとどまり十分とはいえなかった．そこで最近，真にグローバルな通信を可能とするため，ITU-R(ITUの中の無線セクタ)が中心となって，統一した世界標準IMT-2000(International Mobile Telecommunications-2000)を2000年までに確立すべく精力的な活動が行われている．主要なねらいは，グローバルローミングの実現，周波数の有効利用の下での高品質なサービスの提供，2 Mb/sまでの高速データ通信サービスの提供である．

またこれとは別に，携帯電話のディジタル化により，近年利用目的を音声通信以外にも拡大する試みが行われるようになってきた．注目されるのはインターネットへの接続によるデータ通信への適用であり，モバイルコンピューティングと呼ばれている新しい分野に向けてのこれからの発展がいま期待されている．

7 音声通信

7.1 電話回線

　音声通信は電話として古くから親しまれている．近年，非電話型の新しい各種の情報通信が進展しているとはいえ，現在の電話網は巨大な規模であり，情報化社会における電話の占める位置は相変わらず極めて大きい．

　音声通信の情報源となる音声の性質としては，スペクトルと振幅分布が重要である．図7.1は，日本語の会話音声の統計的性質を概略的に示したものである．音声通信では0.3～3.4 kHzの範囲を伝送すれば明瞭性の上から十分とされ，CCITTではこれを基準帯域として推奨している．実際には，電話機間の帯域通過形の伝送系の周波数特性で規定している．音声の振幅分布は図からわか

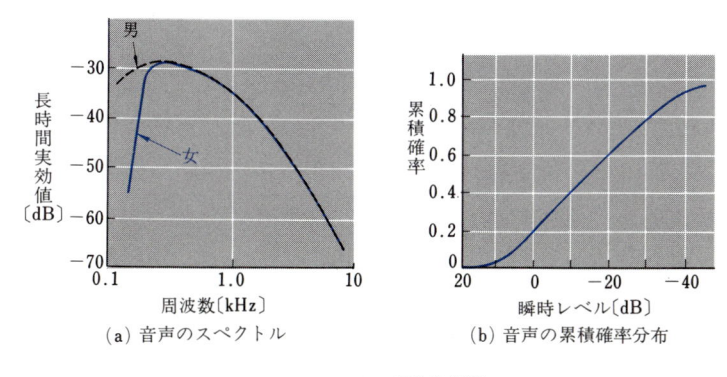

(a) 音声のスペクトル　　　(b) 音声の累積確率分布

図7.1　音声の統計的性質

るように，確率密度関数としては小さい振幅の確率が高い指数分布形となっており，最高と最低の振幅比（**ダイナミックレンジ**）は約 50 dB と広い．

このような性質をもつ音声通信は，電話機により音響エネルギーから電気エネルギーに変換され伝送路に送出される．電話機は，送話器と受話器が主要なものである．送話器は，炭素粉と振動板からなり，音声により振動板が振動し，これに接触している炭素粉に機械的圧力を加え，この結果生ずる炭素粉の電気抵抗の変化を利用して電流の変化に変換させる．一方，受話器は，音声電流の変化に対応して電磁石の吸引力を変え，振動板を振動させて音声に変換させるものである．近年は，送・受話の電気音響変換に，セラミック圧電振動板を用いることが多くなっている．

図 7.2 に，電話機を両端末に置き，伝送路で結んで構成される電話回線の基本回路を示す．この図で電源は，電話局に置かれる電池（48 V）である．このような 2 線式で電話回線が構成されるので，両側からの音声信号が混信することになるが，人間の理解力で自分と相手の声を聞き分けることができるので，何等支障はない．すなわち，2 線双方向通信は，音声通信特有の利点といえる．なお，自分自身の受話器にも声が漏れるが，これを**側音**と呼び，会話する上で適当な量が必要とされている．

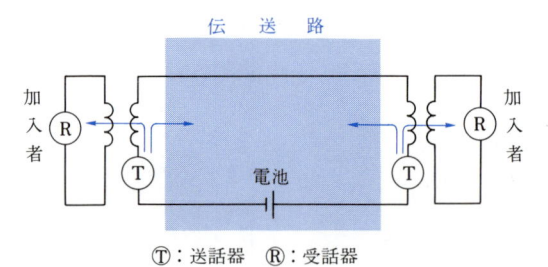

図 7.2　電話回線の基本回路

電話は，不特定多数を自由に選択できるようにするわけであるから交換が必要で，図 1.8 で述べたように，電話機間を接続するため伝送路と交換機からなる通信網が構成されることになる．比較的狭い範囲の加入者相互間は，以上の 2 線

の伝送路と2線の交換機で通信可能であるが，距離が遠くなるにつれて信号が減衰するので，装荷コイルの挿入（2.2節参照）や双方向中継器（4.4節参照）で補わなければならない．

さらに遠くなれば，一般には市外回線となり多重伝送システムにより伝送することになるが，この場合には同軸ケーブル，光ファイバケーブル，マイクロ波などによる伝送となる．これらに使用される機器は単方向性であるので，4線により方向別に伝送媒体を分ける伝送形態をとらなければならない．そのためには，ハイブリッド回路による2線-4線変換が必要である．

2線-4線変換は，図7.3のように通常，**ハイブリッドコイル**（hybrid coil）と呼ばれている3巻線変成器と**平衡結線網**（balancing network）を使って，矢印に示すように信号の流れを変えて実現している．ハイブリッド回路はブリッジの一種で，ハイブリッドコイルから見た各回路のインピーダンスの平衡条件を守ることが重要である．特に，平衡結線網の回路は，そのインピーダンスが加入者側のインピーダンス，つまり加入者線＋電話機のインピーダンスと等しくするために工夫が必要となる．なお，ハイブリッド回路では，信号電力は隣接側に2分されるため，3 dBの損失を生ずることになる．

以上に述べたように，電話網は加入者に近いところは2線で構成され，遠い

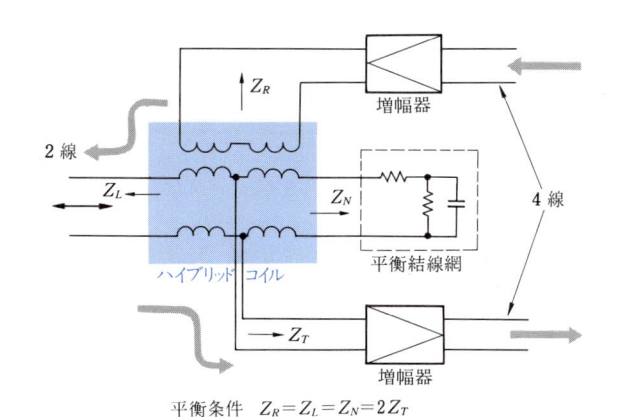

平衡条件 $Z_R = Z_L = Z_N = 2Z_T$

図7.3 ハイブリッド回路

7. 音声通信

ところは4線で構成された網となっており，前者を**加入者系**，後者を**中継系**と呼んでいる．その模様を図7.4に示す．一般に交換機は両方の系に設置されるが，多重伝送方式は通常中継系で使われ，2線-4線変換は両方の系の境界に設置されている．

4線に変換された後の信号の伝送の流れを，図7.5に示す．信号はハイブリッド回路Hで4線に変換された後，多重伝送システムを経て4線の交換機に入り，望むルートを選択してから再び多重伝送システムに入る．これを何度か繰り返した後，ハイブリッド回路で再び2線にもどり相手側に到達する．

図7.5で，仮にハイブリッド回路の平衡条件が崩れていれば，図に示したように信号が漏れることになり，送信側からの信号は**反響**（echo）となって，再び送信側にもどってくる現象が起こる．また，まれではあるが，ハイブリッド回路と伝送系からなる閉ループが利得をもてば，**鳴音**（singing）と呼ばれている通信網の発振が起こる．これらの現象を防ぐためには，まず当然ハイブリッド回路の平衡度を十分なものとしなければならない．鳴音は，設計の際に閉ルー

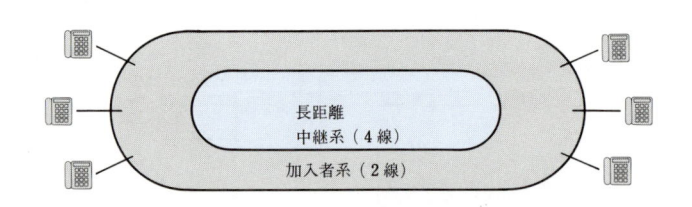

図7.4 電話網の加入者系と中継系

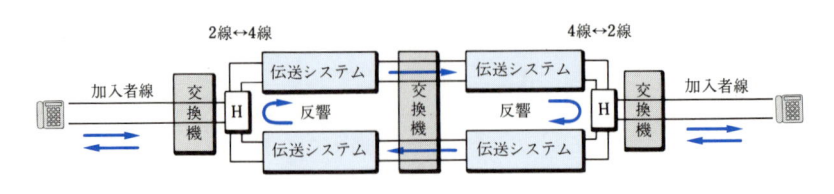

図7.5 長距離電話通信システム

プの損失をその変動分を見込んで余裕をとっておけば，比較的容易に解決できる．しかし，反響は，加入者側の線路長のばらつきなどのためにハイブリッド回路のみで完全に平衡をとることが難しいので，ある程度生ずるのはやむを得ない．

　反響は，距離が余り長くなければ通話に支障はないが，国際回線として使われている大洋横断海底ケーブルや衛星通信では長距離となるので，通信に遅延があり伝送品質を大きく劣化させることになる．そのための対策に**エコーサプレッサ**や**エコーキャンセラ**があり，反響を抑圧する装置として使用されている．近年多く使われているエコーキャンセラは，ハイブリッド回路の4線受信側から送信側へのエコー経路の伝送特性を推定して擬似エコー信号を作り，これを送信信号から差し引いてエコーを消去するものである．

　これまでは音声信号に関して述べてきたが，このほかに電話回線で重要な役割をもつものに電話機と交換機との間の加入者線信号があり，すでに交換のところで大要を述べた．加入者線信号は多種類あるが，その中からここでは電話機側から見たときに重要なダイヤルによる選択信号の送出方法について述べる．

　ダイヤル信号は，接続相手の電話番号の数字情報であり，送出信号の種類として**ダイヤルパルス信号方式（DP）**と**押しボタン多周波信号方式（PB）**の2種類がある．DP方式は，直流を数字の数だけ断続しパルスの形で送り，交換機ではパルスの数を計数し接続経路を決める方式で，古くから使われているものである．この方式には，速度により 10 PPS（pulse per second）と 20 PPS の2種類あり，また，機構面から回転ダイヤル式のものと押しボタンダイヤル式のものがあり，最近は 20 PPS，押しボタンダイヤル式が多く使用されている．

　PB方式は，3×4に配列したボタンを押すことによって，裏面の行と列に対応するスイッチを閉じて2種の周波数を送出し，交換機側にある多くの帯域フィルタによりこの信号を検出，解読する方式である．これは，局間信号方式として古くから使われている多周波信号方式を，加入者線にも適用させようとして生まれたもので，NTTのプッシュホンとして近年親しまれている方式である．電話機における信号送出の回路の略図を，図7.6に示す．

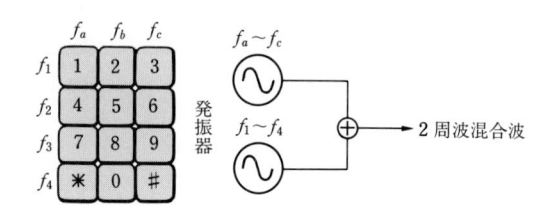

図7.6　電話機のPB信号

7.2 電話網

電話網は図7.4に示したように，加入者系と中継系から成り立っており，加入者系は交換機（LS）と交換機を中心とする半径7kmの円内の加入者の電話機を接続した星状網である．これは全国の区域を細分化した最小の単位であり，この区域を加入者区域と呼んでいる．

中継網は中継線で各交換機を接続した網で，図7.7に示すように**網状網**（メッシュ網）と**星状網**（スター網）とがあり，前者は交換コストが，後者は伝送コストが安くなる特徴がある．わが国の市外電話網の構成は星状網を基本とし，それに直通回線を併設して，部分的に網状網を取り入れた複合網となっている．

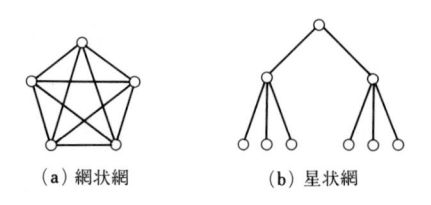

(a) 網状網　　(b) 星状網

図7.7　通信網形態

次に一例として，過去の長い間運用されていたアナログ電話網について簡単に述べる．その網構成は図7.8に示すように4段階となっている．図に示したように，**総括局**（regional center；RC）は総括局区域（RA）の中心に置かれ，

7.2 電話網

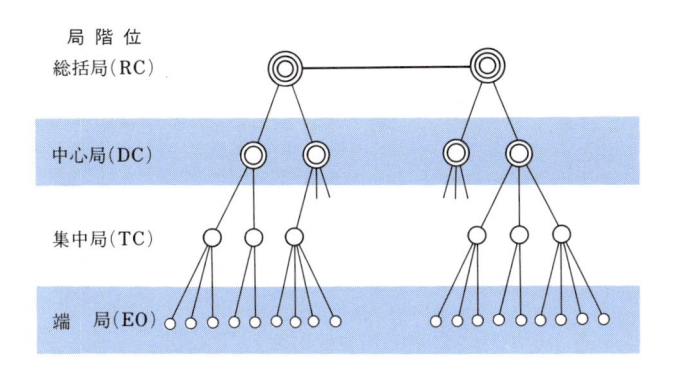

```
局 階 位
総括局(RC)
中心局(DC)
集中局(TC)
端  局(EO)
```

図7.8 わが国の市外電話網の構成

以下同様に**中心局**(district center；DC)は DA の中心に，**集中局**(toll center；TC) は TA の中心に，**端局** (end office；EO) は加入区域（local area；LA）の中心に置かれていた．近年，電話網のディジタル化に伴い，従来の4段階から LS 中心の GC（グループセンタ）と TS 中心の ZC（ゾーンセンタ）の2段階へ変更された．

電話網では音声信号を伝達するばかりでなく，交換機間相互の各種制御信号を伝達できるルートも必要である．そのやり方を**信号方式**と呼び，個別信号方式と共通線信号方式の2種類がある．

個別信号方式は，過去の長い間使われてきた方式で，通話と同一の回線を使用するものであり，そのため音声と信号を同時に伝送することができず，**機能が限定されていた**．

共通線信号方式は，電子交換機の出現以後に開発されたもので，図7.9(a)に示すように制御信号の通路を分離し，多チャネル分をまとめて高速データ伝送により伝達している．この結果，接続に要する時間が速くなるほか，多くの機能を具備することができ，新しいサービスの拡大に大きな役割を果たすことになった．この信号方式を **No.6 共通線信号方式**と呼んでいる．この考え方は大きな意義をもつもので，さらにネットワークのディジタル化によって進展し，

132   7. 音声通信

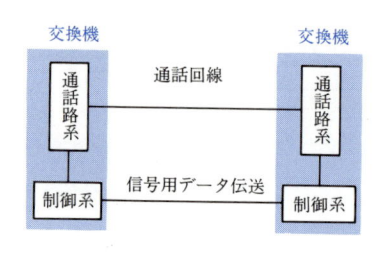

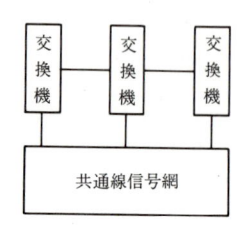

(a) 共通線信号方式の原理　　　(b) 信号網の構成

図7.9　共通線信号方式

図(b)に示すように通話系とは別の共通線信号網（No.7）として ISDN に向けて整備され，CCITT により標準が確立された．この方式は当初は局間信号方式として位置づけられていたが，ISDN ではユーザの端末と交換機間の加入者線信号方式も制御信号が分離されることになったので，ユーザが通話中でも豊富なサービスが受けられるなど，多くの利点を生むことになった．

一方，伝送方式も上位局間になるに従い，多重度の高い長距離伝送方式が適用され，下位局では小束の近距離伝送方式が適用されている．

これらの電話網の通信サービス品質は，1.2 節で述べた3種の技術基準があり，システム設計の規格を与えている．**接続品質**は，電話をかけたときに中継線や機器のふさがり，加入者話中，加入者無応答により呼が損失になる接続損失と，相手が応答するまでに要する接続遅延とで規定される．中継線と機器による接続損失は，損失となる割合を**呼損率**（話中率の意味）で規定し，方式設計の重要パラメータとなっている．呼損率は，通常各交換機で 0.01 程度に設定されている．**伝送品質**は，電話機間の伝送系のよさを示すもので，現在，音の大きさ（音量）が中心となって規定されている．具体的には，**通話当量**(reference equivalent；RE) と呼ばれる尺度で，これは標準系*と被試験伝送系を減衰量で置換しながら比較するものである．近年は，尺度が LR (loudness rating) に移ってきており，また人間による繁雑な試験も，機器による客観評価試験に変

＊CCITT に基準が設置されている．

7.2 電話網

わりつつある．

　このようなことから伝送基準が決められているが，次にその中で最も重要な基幹回線の損失配分について述べる．電話機を使用する場合には，送話器が口元に，受話器が耳に密着していることから，受話音声は大きくなり過ぎるので，自然の感じを与えるには若干損失を与えることが必要である．全体の損失 25 dB は，会話者が 1 m の間隔をおいて相対し，普通に会話している状態を標準と考えたとき，これと等価にするために必要な損失である．基幹回線の損失配分は上位局間が共通性が高く重要度の高い回線なので，なるべく損失を少なくすることとし，4 線構成で損失を 0 dB とする．一方，両側の 2 線の加入者線は利用率が低く，数も多いことから損失を多く配分している．

8 画像通信

8.1 概　要

　図形，文字，動画，静止画などを対象とする画像通信は，古くから写真伝送，ファクシミリ，テレビ放送として広く用いられてきた．"百聞は一見にしかず"のことわざにあるように，人間の受け入れる情報の 60～80％ は視覚によるものといわれており，通信の中に占める役割は大きい．そのため，動画を中心とした公衆画像通信が計画されてきたが，本格的実用までには至らなかった．障害となる問題点を技術面からいえば，画像のもつ広帯域性である．動画像に例をとると，必要帯域幅は電話の 3 桁上であり，当然伝送コストは高くなる．したがって，帯域圧縮や装置の LSI 化により経済化を図らなければならないが，それにも限度がある．過去に研究された代表的例としてテレビ電話があり，世界中で 1 MHz と 4 MHz の 2 方式の開発が進められたが，帯域幅を基礎にした料金に見合う効用がないこと，つまり対面通話の魅力があまりないことから実用化されなかった．

　最近は，ディジタル技術による高度な帯域圧縮の進歩があり，またメモリの低価格，LSI の一層の進展など構成部品面での経済化が進んだので，テレビ電話およびテレビ会議などの実用化が徐々に進展しつつある．一方，ファクシミリ，電話回線を利用してセンターからの情報を検索する静止画通信（ビデオテックス），ワードプロセッサに通信機能を付与した日本語テレテックス，都市型 CATV などのニューメディアが出現し，画像通信も盛んになってきた．また，

放送面でも高精細TV(NHKのハイビジョン)の実用が現実のものとなってきた．

　このような数多くのニューメディアが出現してきた背景を考えてみよう．まず，情報化社会が深化するにつれて，ニーズが多様化してきていることがあげられる．そのため，例えばセンターからの情報検索型で見られるように，情報の受信者が主導する傾向が見られる．次に，電話，テレビの普及が完全に進み，新しい多様な電話サービスや，テレビで文字の多重伝送を可能にしたテレテキストのような個別なものから，ビデオテックスのような組合せ型もあり，既存メディアの高度化をあげることができる．また，通信と情報処理が結合して，新しい分野が開拓された点も見逃せない．その例としては，日本語テレテックスがある．さらに，これとは別に光ファイバ，通信衛星のように新しい伝送媒体の発展，ディジタル処理技術，LSI技術などのハードウェアの進歩も，ニューメディアの促進に大いに貢献している．

　現在，多数のニューメディアが登場しているが，これらを表8.1のように分類することができる．情報提供は多くの分野の提供者により，旅行，生活，趣味，医療保健，気象，投資，教育，催物，商品など，多彩な内容がセンターを中心に蓄積されている．情報を伝送するシステムとしては，1対1双方向の通信型，1対N単方向の放送型，また伝送媒体としては，有線，無線の各種のものがあり，別にVTR，ビデオディスク，コンパクトディスクなどの記録型パッケージもある．表8.2には，送受信形態から見た分類について，具体的な個々のニューメディアをあげてみた．次に画像通信の中から，主要なものとして，動画通信，ビデオテックス，CATV，ファクシミリを取り上げてみよう．

表8.1　ニューメディアの分類

項　　目	分　　　　類
サービス	情報提供，情報伝送
ネットワーク	通信型，放送型
伝送媒体	有線系，無線系，パッケージ系
送受信形態	センター-エンド，エンド-エンド，記録型

表8.2 送受信形態から見たニューメディア

形態	ニューメディア
センター-エンド (情報提供，伝送)	ビデオテックス，静止画放送，文字多重放送，CATV，VRS，高精細TV，PCM音楽
エンド-エンド (伝送)	ファクシミリ，テレテックス，テレメール，データ通信
記録型	VTR，ビデオディスク，コンパクトディスク

8.2 動画通信

　動画は，一般に放送テレビなどで広く親しまれているメディアである．しかし，伝送に必要な周波数帯域が直流から約 4.2 MHz まで広くなることから（音声では 0.3～3.4 kHz），動画を通信しようとすれば非常に広い帯域をもった伝送路が新たに必要になるので，通信サービスとしては実現し難い分野である．また，近年実用となった新しい分野に高精細テレビがあり，例えば NHK のハイビジョン（走査線数 1,125 本，アスペクト比 16：9，伝送帯域 20 MHz）がこれに当たる．これは広帯域伝送を必要とするので現在は 6.1 節で述べたように衛星通信が使用され，2000 年からは改めてディジタル化されたハイビジョンの本格的サービスが開始された．

　一般に画像情報は，その統計的性質を詳細に分析すると，むだ部分（冗長度）がかなり多いことが知られており，いかにして冗長部分を除き実質的な情報部分のみを送るかという，いわゆる帯域圧縮方法の研究が古くから行われてきた．特に動画のテレビ信号は，各種の画像信号の中で最も広帯域性を有するので，有効な帯域圧縮方法の確立に精力が注がれたが，装置が大規模になるなど多くの問題を抱え，解決に至らなかった．

　近年のディジタル伝送，信号のディジタル処理技術などのディジタル技術の進展と，ハードウェア面の記憶素子，LSI 技術の急速な進歩は，上記問題の解決を可能とし，低ビットレート化技術（帯域圧縮のディジタル的表現）として 3 章

で述べたディジタルハイアラーキの3次群へ適用する技術が確立された*.最近は,画像情報処理技術の進歩もあって,さらに低ビットレート化の研究が進み,静止画**の近くまで様々な低ビットレート化技術が出現している.

　低ビットレート化の方法は,次の各種の要素技術の組合せからなっている.すなわち,

① フレーム内予測符号化
② フレーム間予測符号化
③ 直交変換符号化
④ ベクトル量子化
⑤ 動き補償

などである.これらをごく簡単に説明する.①は,隣接画素間の相関が大きいことを利用して,上下左右の画素の標本値から現在の標本値を予測し,予測誤差があればそのときだけこれを符号化して送る方法である.②は,これをフレーム間に拡張したもので,1画面分のフレームメモリを用意して,前のフレームと差があったときだけこの差分を符号化して送る方法である.③は,信号をブロックに分けてから直交関数系を用いて周波数スペクトルに変換し,電力の大小で成分を分けて符号化し送る方法である.④は,全画素を複数のブロックに分割し,各ブロックの画像信号を画像の統計的性質に合わせて作ったコードブックに対応させ,その中から最も近いベクトル番号を送り,受信側で用意してある同じコードブックを使って画像を作成する方法である.⑤は,画像内で一部分のみが動きがあり,ほかが静止状態にあるときに有効な方法であり,動きを過去のデータから推定し,実際との差が生じたときだけ符号化して送る方法である.以上のほかに,駒落しなど種々の方法が研究されている.

　実際に上記の低ビットレート符号化をディジタルハイアラーキに適用し使っているのは,2次群 (6.3 Mbit/s),1次群 (1.5 Mbit/s),384 kbit/s (64 kbit/

---

　*参考までにいえば,標準テレビの場合に通常のPCM符号化では約80 Mbit/s必要.
　**動画に比べて,アナログ伝送では帯域がわずかですみ,ディジタル伝送ではわずかなビットレートでよい.

s×6)，64 kbit/s で，サービス対象は主にテレビ会議であり，若干テレビ電話もある．方法としては上述の技術の組合せであり，ビットレートの低いものほど画質は当然劣化する．これらについては，すでに CCITT により標準化が確立している．

一方，最近の研究結果から，テレビ放送をディジタル化することにより，多チャネル化，高品質化が可能となることが明らかとなった．そのため，21世紀初頭から衛星放送テレビ，陸上放送テレビを順次ディジタルに変える計画が進められている．

8.3 ビデオテックス

ビデオテックス（videotex）は，家庭で広く普及しているテレビ受像機と電話機を用いて，情報センターから会話形式で画像情報を送信してもらう新しい型式の通信である．電話線は元来，音声情報を送る目的の設備であるから，伝送帯域は約 4 kHz で動画を送ることは無理である．そのため，ビデオテックスは文字，図形を主体とした静止画を送るサービスである．

この新しいサービスは，世界各国で現在用いられており，最も早く始めたのは1979年商用となった英国の Prestel である．ビデオテックスは国際的呼称で，わが国では**キャプテンシステム*** がこれに対応する．その他，ドイツの Bildschirmtext，フランスの Teletel，カナダの Telidon が有名である．

システムの構成は図 8.1 に示すように，利用者端末，情報センター，これらを結ぶネットワークに大別される．利用者端末は家庭用のテレビ受像機と電話機とアダプタからなり，アダプタのキーパッドからのキー操作により情報を選択する．テレビ受像機にアダプタを内蔵した組込形，キャプテン専用テレビもあり，またパソコンも接続でき，必要に応じハードコピーのとれるプリンタなど，多彩な端末の組合せができるようになっている．

---

* Character And Pattern Telephone Access Information Network System

140   8. 画像通信

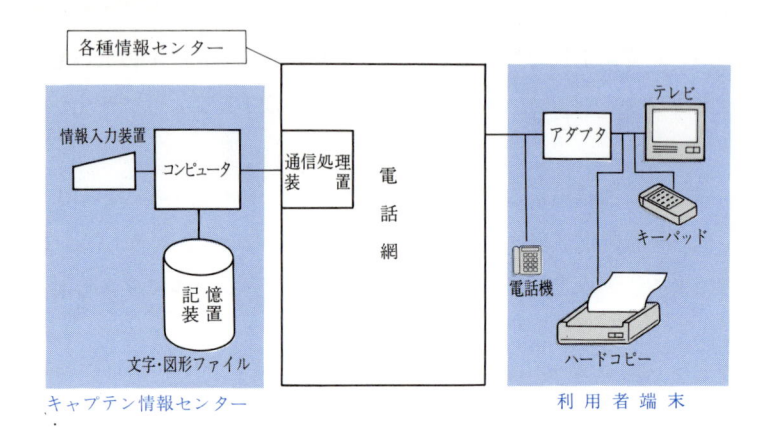

図8.1　キャプテンシステムの構成

　情報センターには，キャプテン情報センターと情報提供者自身が所有するセンターとがある．前者は画像情報に関する入力，蓄積，検索，更新，編集，画面作成などの機能をもっている．ネットワークは既存の電話網が主体であるが，情報センターとの間にビデオテックス通信処理装置が設置され，データベースからのコード信号をパターン信号に変換するメディア変換機能，情報センターと利用者端末間の各種プロトコル変換機能，情報センターとの交換接続機能などの各種通信機能をもっている．利用者端末の種別を詳しく述べると，表8.3のように5段階に区分することができる．

　パターン伝送方式は，普通のテレビと同様に，文字図形を走査してドットパターンの状態で信号を伝送する方式である．コード伝送方式は，文字，記号などをコードで伝送し，受信側で文字発生器によりドットパターンに変換し，表示する方式である．この方式では，受信側に多数のメモリを必要とし，受信機がやや高価になるが，伝送時間が少なくてすむので表示速度は約1/10と速くなる．

　ランク2は図形のみパターンとし，他はコードを使用するハイブリッド方式で，わが国の標準タイプとなっている．ランクの上位のものは高密度となるほ

表8.3 利用者端末の種別

ランク	種類名	機能概要
1 (最下位)	パターン端末	文字も図形もすべてパターンで表示
2 (標準タイプ)	ハイブリッド端末	文字記号モザイクはコードで表示 図形はパターン(フォトグラフィック)表示 表示密度は標準
3	高密度ハイブリッド端末	ハイブリッド端末で横方向が2倍の高密度
3	高密度ハイブリッド端末	ハイブリッド端末で縦,横とも2倍の高密度
4	コマンド端末	ハイブリッド端末(標準密度) ＋ジオメトリック図形表示機能
5 (最上位)	高密度ハイブリッド端末	高密度ハイブリッド端末(2倍,4倍) ＋ジオメトリック図形表示機能

か,ジオメトリック図形表示機能など高度の機能,性能をもち,したがって専用端末が必要となる.

サービスの面から分類すると,
① 画面情報の検索サービス
② 予約・注文サービス
③ 会員制サービス

がある.①は,利用者端末からの要求に応じ画面情報を検索するサービスである.②は,ホームショッピング,ホテル,劇場,交通関係の座席予約,注文の処理を行うサービスである.③は,特定のグループの会員に限定し,そのグループで必要とする情報を提供するサービスである.

ビデオテックスは,すでに普及しているテレビ受像機と電話機を端末として簡易に情報が得られるので,世界各国で非常に期待されている.CCITTの国際標準化も日本,欧州,北米の3方式が地域標準としてすでに確立しており,今後,情報の取り扱う範囲も拡大され,使いやすくなると考えられ,事務所,家庭で幅広く使われていくであろう.

8.4 CATV

　CATV は元来は Community Antenna Television の略語とされていたが，最近の傾向では Cable Television の略語ともいわれ，日本語では有線テレビと呼ばれている．わが国の CATV は，昭和 30 年頃から始まった．初期の段階では，テレビ放送の山間地域における難視聴対策を目的としたもので，比較的小規模の施設が多かった．昭和 40 年代の後半以降になると，都市の建物の高層化などにより，各地で受信障害が起こり，その対策として増加してきた．最近の動向としては，多チャネル，双方向伝送，多目的の CATV に発展しており，以前の難視聴対策としての再放送型* の CATV と区別するため，このような CATV を**都市型 CATV** と呼んでいる．

　CATV は米国において急激に発展しており，わが国へも大きな影響を与えている．米国の CATV は規模が大きく，加入者へのサービスは，

① 　ベーシックサービス
② 　ペイサービス
③ 　ホームセキュリティサービス

に大別される．ベーシックサービスは広告が入るので無料で，他は有料である．また，CATV 事業は CATV 施設者と番組供給会社に分かれ，番組供給は無線による伝送が多く，特に国が広大であることもあって，遠距離，広範囲の中継伝送には国内通信衛星が盛んに利用されている．

　技術的には有線伝送技術が主体となっており，一般的なシステム構成は図 8.2 のようになっている．伝送媒体は通常，同軸ケーブルが用いられるが，幹線系には次第に光ファイバケーブルが導入されてきている．図は最も広く用いられている単方向，多チャネル型のシステムを示しており，伝送方式は周波数分割多重方式が使用されている．双方向機能を必要とするときは，上り，下りを周

＊微弱電波を受けて中継増幅し，同時に放送することを，CATV では再放送と呼んでいる．

8.4 CATV

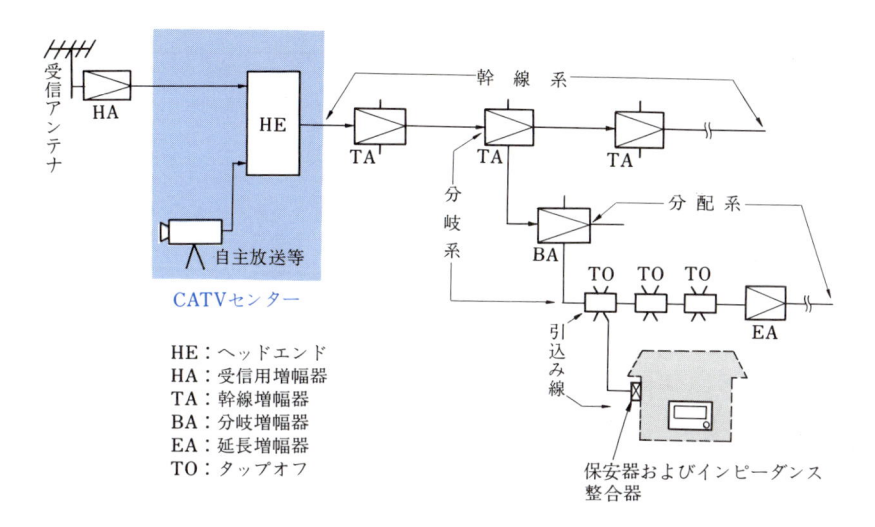

図8.2 CATVシステムの一般的な形態

HE：ヘッドエンド
HA：受信用増幅器
TA：幹線増幅器
BA：分岐増幅器
EA：延長増幅器
TO：タップオフ

波数帯域の低域と高域に分けて使用している．

　中継用の増幅器は広帯域の負帰還増幅器が使用され，AGCや距離補正用の擬似線路，電力伝送も使用するなど，前にアナログ信号の中継伝送で述べた場合と同様の構成となっている．ただし，双方向機能をもつ中継増幅器の場合には，伝送帯域を上りと下りに分ける分波器が必要で，増幅器も別になる．センター内の**ヘッドエンド**(HE)は，多数の信号を周波数分割多重とするための装置で，センターにはこのほかに，スタジオ，通信回線制御装置，各種の周辺機器が設置される．端末は，家庭用テレビであるが，11チャネルを超える多チャネル伝送の場合には，コンバータが必要である．また，有料テレビ，リクエスト，セキュリティなどのサービスに対しては，双方向の機能が当然付加される．

　これまでのわが国のCATVは，難視聴対策としての施設であったので，再放送が中心で，それに区域外のテレビ放送（例えば，地方の場合の東京放送局の再放送），ローカル色の濃い自主放送(地域ニュース，生活情報，催し物案内など)が加わった程度であった．これからの都市型CATVでは，映画，スポーツ，

144   8. 画像通信

表8.4 CATVのサービス項目の例

現　　在	近い将来
再放送	リクエストサービス
区域内・外テレビ放送	情報検索
音声多重放送	予約
文字多重放送	登録
FMラジオ放送等	CAI
自主放送	ホームショッピング
スタジオ，静止画，動画による地域情報等	監視，制御機能サービス
静止画，動画による定時反復放送	防犯，防災(セキュリティ)
特定情報サービス(別料金)	自動検針
ペイテレビ	視聴率調査
ファクシミリ配信	高精細テレビ放送
医療，教育情報サービス	PCM音楽放送
	電子メール
	ホームバンキング

趣味，教育など広範囲なサービスが多チャネル（30チャネル以上）で計画されている．現在考えられている各種のサービス項目の例を，表8.4に示す．

　現在のわが国のCATVはローカル的なネットワークの形態であるが，いずれは米国の例に見られるように，各CATVシステム間，番組供給者からの番組伝送のためのネットワーク化が進むものと思われる．そのための中継伝送系として，独自の無線リンク，伝送系の光化とディジタル化が進むことになり，大きなネットワークに発展する可能性は大きい．

8.5 ファクシミリ

　CATVと並んで著しい発展を遂げているのが**ファクシミリ**である．以前は模写電送と呼ばれ，報道関係などで古くから利用されてきたもので，文書，図形，写真を対象とした画像通信である．西欧諸国では古くからタイプライタが親しまれていて，通信としては古くからテレックスが普及しているが，文字の多いわが国にはなじみ難い状況にある．このようなことから，手書き文字，図形を容易に送信することができるファクシミリは，わが国の実情に適合する文書通

信とされて発展してきた．

　ファクシミリの原理は，テレビの原理と類似している．文書に光をあてながら走査し，反射光をレンズを介して光電変換により電気信号に変え，さらに適当な変調をかけて遠隔地に送信する．そして，受信側ではその逆の操作，復調し電気信号を電気，圧力，熱，光などのエネルギーのいずれかにより，受信紙に記録するものである．ファクシミリ通信の構成を図 8.3 に示す．

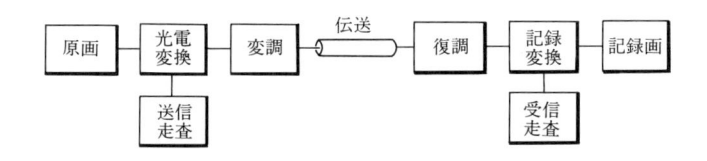

図 8.3　ファクシミリ通信の構成

　走査は送信原画を細かな画素に分解し，これを白と黒の 2 値情報として横方向と縦方向に走査する．画の解像度は当然走査線の密度が高いほどよくなるが，電送時間は逆に長くなる．現在は，3.85 本/mm の走査線密度が広く用いられている．また，送信側と受信側の走査の時間的位置関係を合わせておかなければならないので，同期をとる必要があり，送信側から同期のための情報を送信している．これは，テレビの場合に水平同期と垂直同期の信号を送っているのと同様に考えればよい．

　具体的な走査の方法としては，送信原画を円筒に巻きつけて一定速度で回転させ，光電素子を水平方向に移動させる**円筒走査**と，送信原画を平面のまま移動させ，走査 1 ラインの画素数の固体素子により電子回路的に走査光電変換させる**平面走査**がある．近年は，CCD（charge coupled device）もしくは MOS（metal oxide semiconductor）のイメージセンサを用いた平面走査形が主流となっている．

　一方，記録技術には，発熱ヘッドにより感熱紙に熱を加えて発色させる**感熱記録方式**や，静電記録紙に静電潜像を作り，黒色樹脂粉末（トナー）を付着さ

せ熱を加えて固着させる**静電記録方式**，導電性のインクを細いノズルから噴出させ，電界によりインク粒子を偏向させて普通紙に記録する**インクジェット方式**，光導電性感光膜を使用し，トナーで熱固着させる**電子写真記録方式**などがある．

ファクシミリ信号は，普通電話回線を用いて伝送される．電話回線の伝送帯域は 0.3～3.4 kHz となっているので，何らかの変調を必要とする．ファクシミリの伝送方法については，CCITT により G1 から G4 まで 4 種類の方法が標準化されている．最も簡単な G1 は，帯域の中心周波数で AM の変調をかけ，両側波帯の伝送を行う方法である．この方法では，走査線密度 3.85 本/mm，A4 判の文書を電送するのに約 6 分を要する．FM でもほぼ同様の電送時間を要する．これは，伝送できる画信号の最高周波数が伝送帯域から制限されていることによる．したがって，短い電送時間にするためには，より効率的な変調方式を使用しなければならない．

この目的に合う変調方式として広く使用されているのが，G2 の AM-PM-VSB 方式である．これは信号が 0 となる度に位相を反転させた搬送波で AM 変調し，その後で VSB の整形をする方法で，この方式により電送時間は 1/2 以下になる．

以上はアナログ伝送方式であるが，ディジタル方式ではファクシミリ信号は白黒の 2 値信号であるから，2 レベルの量子化，つまり 1 ビットの符号化でよく，データ通信で用いられる MODEM（9 章参照）を使用することができる．

ファクシミリをより高速化にするためには，伝送帯域幅を広げることであるが，そのほかに帯域圧縮の方式がある．ファクシミリ信号は，画面すべてを同じ大きさの画素に分解して送信しているが，もともと隣接画素間は白もしくは黒が連続することが多く相関性が強いので，すべての画素を忠実に送るのは冗長である．一般に，ファクシミリの帯域圧縮方式とは，この冗長度を除去する方式を指している．次に，代表的冗長度抑圧符号化方式として広く使用されている**ランレングス**（run length）**符号化方式**を述べる．

白黒 2 値のファクシミリ信号を一定周波数で標本化すると，量子化された 2

値情報が得られる．時間軸方向に白または黒が連続する長さを**ランレングス** (RL)と呼び，これを2進符号で表すことができる．一般に，文書は余白部分が多いので，統計的に見れば黒の発生確率は 0.1〜0.2 と小さく，隣接画素間の相関が非常に強い性質をもっている．すなわち，黒の RL の分布は短い部分に集中し，白の RL は分布の幅が広い．このような白黒の片寄りの性質をうまく利用し，RL の長さと符号長が最も有効となるように，RL と符号を割り当てるわけである．

その方法としては，Huffman の考えた符号化方法が効率がよいとされている．実際には，この方法に多少変更を加えた Modified Huffman 符号化方式 (MH)が符号表として規定され，送受信機に変換回路を組み込み伝送している．このようなランレングス符号化方式は，走査1ラインの範囲で信号処理を行っているので，**1次元符号化方式**と呼ばれる．

これに対して，さらに上下の複数の走査線を束にして一括処理し，符号化を行えばより効果的になる．これを**2次元符号化方式**と呼び，Modified READ 符号化方式（MR）と呼ばれる方式が代表的である．G3は，上述の技術を使い，アナログ電話網を利用するファクシミリ伝送方式の中で最も効率の高い方式である．具体的には，高能率ディジタル変調方式として DPSK もしくは QAM を採用し，冗長度圧縮符号化方式として MH もしくは MR を採用している．その結果，速度は 2.4〜9.6 kbit/s となり，A4判の電送時間を1分以内に抑えている．

電話回線を利用するファクシミリ通信は，G1からG3へと順次開発が行われ，高速化，高性能化が進められてきた．価格の低下と共に普及が進み，現在ではG3が最もよく使われている．これ以上の高速化，高性能化は，G4と呼ばれているディジタル網を利用する高速ディジタルファクシミリが対応することになる．ディジタル網としては，ISDN，公衆データ網(DDX)，高速ディジタル専用線が対象となり，3秒から10秒程度の高速通信が可能となる．G4は，すでに CCITT により標準化が確立しており，G3に比してかなり高度化した内容を有している．すなわち，200×200 ドット/インチの高精細原稿を MR を

改良した Modified MR (MMR) 符号化方式により伝送している．また，G4は幅広い機能をもっており，クラスⅠ，Ⅱ，Ⅲの3種の機種から構成されている．クラスⅠは通常のファクシミリであるが，クラスⅡはクラスⅠに加えてミクストモード文書（ファクシミリ符号化とキャラクタ符号化の混在）とテレテックス（ワープロ間通信）文書の受信機能をもち，クラスⅢではクラスⅡの機能に加えてミクストモード文書とテレテックス文書の作成，送信の機能をもっている．このような高性能ファクシミリは，ISDN用 (64 kbit/s) G4としてさらに発展を遂げることになろう．

一方，ファクシミリの普及と共に，独得のファクシミリ通信網も発展しており，わが国では昭和56年9月から公衆の加入ファクシミリ通信システム (Fネット) が商用されている．ファクシミリ通信網では，アナログの公衆電話網を利用してファクシミリ情報を一旦蓄積変換装置に蓄積し，高速の専用ディジタル伝送路を介して受信側の蓄積変換装置に伝達している．豊富なサービス機能を備え，かつ普及を促進させるため冗長度抑圧機能などの高度な機能をネットワーク側にもたせ，加入者の共用を図っている．その結果，

① 自動通信
② 再コール
③ 同報通信
④ 親展通知

などのサービスができて，ファクシミリの大衆化に貢献している．

高速ファクシミリ通信については，このような専用網ではなく，前に述べたディジタル網が対応するが，将来的にはISDN網利用が大きく期待されている．

9 データ通信

9.1 概　要

　データ通信システムは，コンピュータと端末を通信回線で結び，広域にわたる情報処理を効率よく行うシステムである．データ通信システムは，近年目ざましい発展を遂げている分野であり，情報化社会の中核として企業活動のみならず，個人レベルの社会，生活にも多くの利便をもたらしている．その実例をあげれば，JRのみどりの窓口や旅行代理店における座席予約，銀行における現金の自動預入・支払，販売店・配送センター・工場を結んだ販売在庫管理，計測器群とコンピュータとを結んだ気象観測・交通量測定・自動検針などの各種計測，パソコンによる電子メール・電子掲示板の利用等，枚挙にいとまがないくらい多彩である．

　このようにデータ通信は隆盛を極めるに至っているわけであるが，その発展過程を2大構成要素となっているデータ伝送分野とデータ処理分野に分けて，振り返ってみよう．データ伝送の出発点となっているのは，電報サービスに使われている電信である．電信は，短点と長点（短点の3倍の長さ）の組合せを文字・数字に対応させるモールス符号による通信で，現在のディジタル通信の先駆にあたる技術である．電信技術は，その後データ伝送としてコンピュータ間通信の技術に引き継がれ，発展を遂げ今日に至っている．

　一方，データ処理は電子計算機が主体であり，周知のように電子計算機の急速な進歩により，機能的にも性能的にも著しい発展を遂げている．初期の電子

9. データ通信

計算機によるデータの処理はバッチ処理であったが，まもなくオンラインによる即時処理に移行し，データ通信の端緒を開いた．

このことから，

① 大型計算機の共同利用，遠隔利用
② 情報資源の共同利用

が可能となり，データ通信の意義が大きなものとなった．その後，効率の向上を求め，計算機の大型化，処理の高速化やTSS（タイムシェアリングシステム）端末による時分割多重利用などが図られ，長足の進展が見られた．しかし，最も大きなインパクトを与えたのは，LSIの進歩からの影響である．記憶装置の大容量化，高速化，小型化，経済化，高信頼化が容易となり，またマイクロプロセッサチップの出現などにより，パソコン等の小型コンピュータの高性能化，高機能化が進んだ．そして，ソフトウェアの利用技術の開発，各種情報メディア端末の開発とあいまって，コンピュータは一般社会に広く普及するところとなった．

以上のことから，最近ではデータ処理の分散化，ネットワーク化が重要視され，データ通信システムはますます広域化と高度化を指向するところとなり，利用の領域も従来の専用線，公衆網に限らず，プライベートネットワーク，ローカルエリアネットワーク（LAN）と広がる情勢になっている．

データ通信システムの基本構成は，図9.1のように**端末装置**（**DTE**；data terminal equipment），**回線終端装置**（**DCE**；data circuit terminating equipment），**伝送路**，**通信制御装置**，および**中央処理装置**から成り立っている．

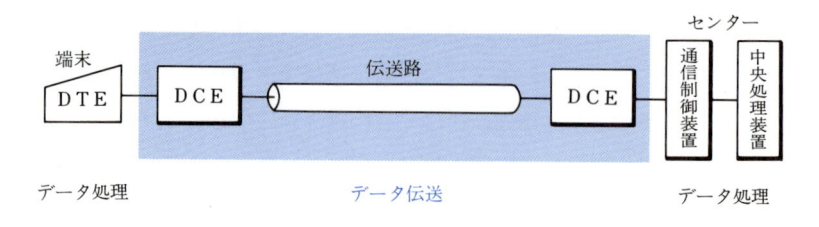

図9.1 データ通信の基本構成

9.1 概要

　DTEは，人間と機械の間のインタフェースで，対象とする情報に対応してキーボード，OCR，プリンタ，CRTディスプレイなど多種類にわたる．その内容としては，情報を2値データの形に，またはその逆に変換する入出力処理機能と，回線の接続，相手の確認，データの誤りのチェックなど行う伝送制御機能がある．

　DCEは，伝送路とデータ処理系とを結ぶインタフェースで，円滑なデータ伝送を行うため，データ信号を伝送路の特性に整合させるよう変調や符号変換を行うものである．DCEは，対象とする伝送路がアナログ電話網のようなアナログ伝送路の場合には**変復調器**（**MODEM**；modulater＋demodulater）が，ディジタル網におけるディジタル伝送路の場合には**ディジタル回線終端装置**（**DSU**；digital service unit）がこれに対応し，使用されている．

　また，伝送路は通信サービスの面から分類すると，NTTなどの第一種通信業者から専用的に借りる専用線と，アナログ電話網もしくはディジタル網（データ網，ISDN網）のいずれかを利用し，不特定多数のユーザと通信できる公衆網

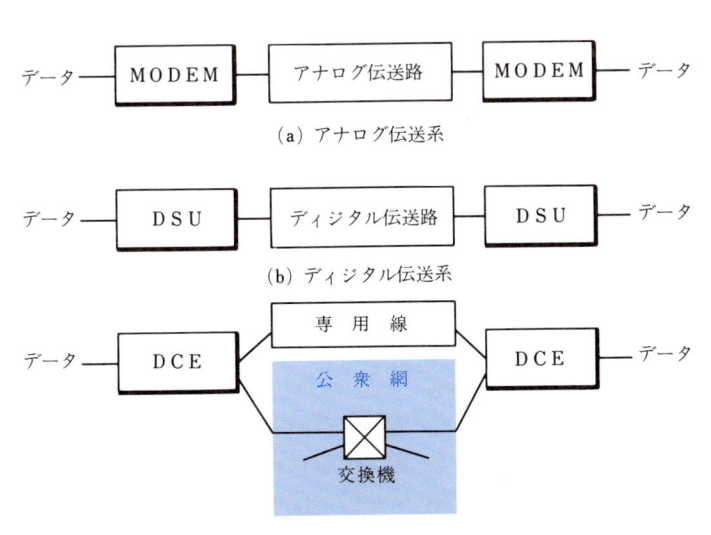

(a) アナログ伝送系

(b) ディジタル伝送系

(c) 専用線と公衆網（それぞれアナログとディジタル）

図9.2　種々のデータ伝送形式

がある．公衆網には，データ交換機（回線交換機かパケット交換機）が設置されている．以上の模様を図9.2に示す．

上述のシステム構成でデータ通信を行うに当たって，あらかじめ決めておかなければならないものに，**プロトコル**（通信規約）がある．これは通信相手との約束事であり，電話のように人間が介在しない機械対機械通信では必要不可欠の概念である．例をあげると，インタフェースにおける物理的・電気的条件，伝送速度，接続方法，データの受渡し方法，経路選択，誤りチェック，データの表現形式等である．これらは，ISOとCCITTとにより，体系的に標準化がなされている．

9.2 データ信号

データ通信で取り扱う信号は，通常1と0の組合せによる2値のデータであるが，対象とする情報は，簡単な低速データから高精細画像などの高速データに至るまで様々で，極めて広範囲である．しかし，すでに取り決められているものもあり，ここではデータを伝送する上で知っておくべきデータ信号として，標準符号，伝送速度と変調速度について述べておく．

[1] 標準符号

ディジタル情報として一般的なものには，文字，数字，記号があり，これらを符号列（コードともいう）にいかに対応づけるかについては，ISO（国際標準化機構）とCCITTで決められた標準符号の勧告がある．わが国でも，これをもとに7単位と8単位の標準符号（標準コード）を制定している．

表9.1に，現在広く使われている7単位の標準符号を示す．JIS 7単位符号は7ビットで表示するので，$2^7=128$種の文字や数字，記号が表現できることになる．この表から，送る文字，数字，記号を見つけ，その位置から対応する行と列の符号$b_7 \sim b_1$を知り，これらを$b_7 b_6 b_5 b_4 b_3 b_2 b_1$の順に並べてディジタル情報を表示する．例えば，"A"は1000001となる．このような文字などの符号化を，

表9.1 JIS 7 単位標準符号

		b7	0	0	0	0	1	1	1	1	0	0	0	0	1	1	1	1
		b6	0	0	1	1	0	0	1	1	0	0	1	1	0	0	1	1
ビット番号→		b5	0	1	0	1	0	1	0	1	0	1	0	1	0	1	0	1
b4	b3	b2	b1				SHIFT IN 側							SHIFT OUT 側					
				0	1	2	3	4	5	6	7	0	1	2	3	4	5	6	7
0	0	0	0	NUL	TC₇(DLE)	SP	0	@	P	`	p			SP	ー	タ	ミ		
0	0	0	1	TC₁(SOH)	DC₁	!	1	A	Q	a	q			。	ア	チ	ム		
0	0	1	0	TC₂(STX)	DC₂	"	2	B	R	b	r			「	イ	ツ	メ		
0	0	1	1	TC₃(ETX)	DC₃	#	3	C	S	c	s	←——	SHIFT・INに同じ	」	ウ	テ	モ	←——	SHIFT・INに同じ
0	1	0	0	TC₄(EOT)	DC₄	$	4	D	T	d	t			、	エ	ト	ヤ		
0	1	0	1	TC₅(ENQ)	TC₈(NAK)	%	5	E	U	e	u			・	オ	ナ	ユ		
0	1	1	0	TC₆(ACK)	TC₉(SYN)	&	6	F	V	f	v			ヲ	カ	ニ	ヨ		
0	1	1	1	BEL	TC₁₀(ETB)	'	7	G	W	g	w			ァ	キ	ヌ	ラ		
1	0	0	0	FE₀(BS)	CAN	(	8	H	X	h	x			ィ	ク	ネ	リ		
1	0	0	1	FE₁(HT)	EM	)	9	I	Y	i	y			ゥ	ケ	ノ	ル		
1	0	1	0	FE₂(LF)	SUB	*	:	J	Z	j	z	←——	SHIFT・INに同じ	ェ	コ	ハ	レ	←——	SHIFT・INに同じ
1	0	1	1	FE₃(VT)	ESC	+	;	K	[	k	{			ォ	サ	ヒ	ロ		
1	1	0	0	FE₄(FF)	IS₄(FS)	,	<	L	¥	l	|			ャ	シ	フ	ワ		
1	1	0	1	FE₅(CR)	IS₃(GS)	-	=	M	]	m	}			ュ	ス	ヘ	ン		
1	1	1	0	SO	IS₂(RS)	.	>	N	^	n	~			ョ	セ	ホ	゛		
1	1	1	1	SI	IS₁(US)	/	?	O	_	o	DEL			ッ	ソ	マ	゜		DEL

(注) SHIFT IN, SHIFT OUT の切替えは, SI コードまたは SO コードによって指定する.

154 9. データ通信

キャラクタ符号化とも呼ぶ．実際に送るデータ信号は，情報7ビットにパリティチェック用1ビットを加え，8ビット（1バイト）を基本にしている（漢字は2バイト）．ここでパリティチェックとは，後で誤り制御のところで述べるが，符号誤りを検出するための符号である．なお，表の中には文字，数字，記号の外に多くの機能キャラクタが含まれているが，これらについては後述の伝送制御の節で詳述する．また，0列14行と15行にあるSO(シフトアウト)とSI(シフトイン)の制御符号は，この後に続く各符号が表のシフトアウト，シフトイン側の文字に対応させて，拡張して使用するためのものである．

［2］ 伝送速度と変調速度

データ信号の伝送速度を表すには，データ信号が0と1の2値符号の組合せから成り立っているので，通常ビット/秒 (bit/s) が使用されている．このほかに，種々の伝送媒体を使うデータ伝送系では，ASK，FSK，PSK，APSK（多振幅多位相変調）などの高能率変調を行うため，変調速度ボー（Baud）が用いられている．これは搬送波が変調により変化を受けるとき，情報を表すのに必要な最小時間の逆数を示したものである．伝送距離が非常に短く変調をかけない伝送（ベースバンド伝送）や，ASK，FSKの場合には，伝送速度と変調速度は一致するが，伝送周波数帯域を縮小するため，上述の高能率変調を用いる場合には一致しない．例えば，4相PSK変調で変調速度が1,200ボーの場合には，伝送速度は2,400ビット/秒となる（3.9節参照）．

9.3 同期方式

データ信号を伝送する場合には，通常直列伝送の形態なので，送信側と受信側との間でタイミングを合わせるための**同期** (synchronization) が必要となる．同期を大別すると，図9.3のようになる．

ビット同期は，ビットごとに同期をとることを意味する．データ信号は1と0の符号列で，具体的には1は通常矩形のパルスを使うが，伝送路の特性により

9.3 同期方式

```
ビット同期 ─┬─ 同期方式
           └─ 非同期方式（調歩同期方式）

ブロック同期 ─┬─ 調歩同期方式
             ├─ キャラクタ同期方式
             └─ フラッグ同期方式
```

図9.3 同期の種類

受信波形はひずみ，かつ雑音が加わり，かなり崩れた波形となるのが通例である．このため，受信側で0か1かの識別をする際の正しい識別時点の設定が重要で，信号とは別にタイミングのための情報（クロック信号）を送る必要があり，ビット同期はその方法を指すものである．

ブロック同期は，文字や数字等を表すある固まりのビット列について，その区切りのタイミングを受信側に知らせる方法に関するものである．

[1] ビット同期

これは同期方式と非同期方式に分類される．**同期方式**には，同期用のクロック信号をデータ信号とは別の線で送る方法と，送信側からはクロック信号を特に送らず受信側でデータ信号からタイミング情報を抽出し，クロック信号を作る方法があり，後者のほうが広く使われている．この方法は，4章のディジタル中継器のところで述べたタイミングのとり方と，原理的には同一である．

非同期方式は，送信側と受信側で別々のタイミング信号を使うことを意味し，送信側の基準信号が受信側に到達してから，受信側で作られたクロックによりタイミングをとる方式である．代表的な方式は，古くから広く使われている**調歩同期方式**である．これは図9.4に示すように，文字コードの前後にスタートビット（基準信号），ストップビットを付加し，無通信時はストップ状態が続く形態とするものである．受信側でスタートビットを受信すると，その時点から自局のクロックでタイミングをとり始め，0か1かの識別を行う．したがって，送信側と受信側のクロック信号の周波数は厳密には一致していないことになるが，比較的低速のデータ通信では簡便な方式といえる．

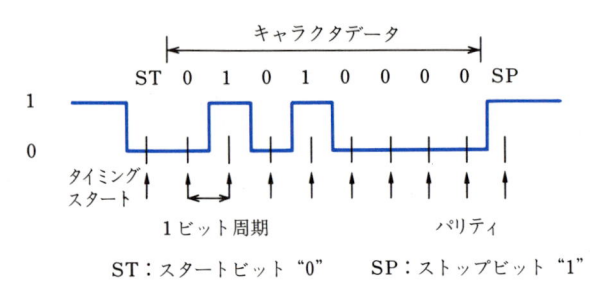

図9.4 調歩同期

ST：スタートビット "0"　　SP：ストップビット "1"

[2] ブロック同期

　ブロック同期の方式には，調歩同期方式，キャラクタ同期方式，フラッグ同期方式がある．調歩同期方式については前に述べたが，スタートビットとストップビットの間が1つの文字コードを示しており，この方式はビット同期とブロック同期を兼ねていることになる．

　キャラクタ同期方式は，特定の同期用の符号をデータの前に先行させる方式である．この同期符号としては，表9.1に示したSYN符号（0010110）を用いる．SYN符号は，同期を確実にするため2つ以上つけ，受信側ではこのSYN符号を常時監視して，これが到着したら次に続くものがデータだと判断する．そのやり方を図9.5(a)に示す．この方式はSYN同期とも呼ばれ，ベーシック制御手順（後述する）で採用されている．この方式は調歩同期のように文字ごとの周期をとらずに多重の文字データを送信できるので効率がよい．

　フラッグ同期方式は，キャラクタ同期方式がデータ伝送の単位をキャラクタ（文字）で考えているのに対して，高速の長いデータ（例えば画像データ）をも扱いやすくなるため考えられたもので，任意の長さのデータのビット列（**フレーム**という）の前後に同期用のパターン（**フラッグシーケンス**と呼ぶ）を配置し，受信側でこれを検出して同期をとる方式である．フラッグシーケンスのビットパターンは "01111110" が使われ，伝送するデータがない場合でも常時送出

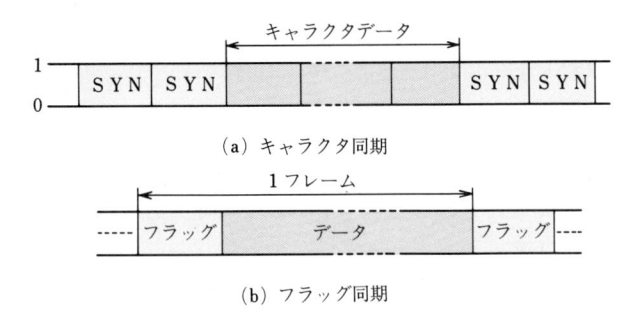

```
    ┌──────── キャラクタデータ ────────┐
1 ─┬─────┬─────┬─────┬┈┈┈┈┈┈┈┈┈┬─────┬─────┬─
0   │ SYN │ SYN │     │         │     │ SYN │ SYN │
    └─────┴─────┴─────┴┈┈┈┈┈┈┈┈┈┴─────┴─────┘
```

(a) キャラクタ同期

```
        ┌──────── 1フレーム ────────┐
┈┈┈┈┈┬──────┬──────┬┈┈┈┈┈┬──────┬┈┈┈┈┈
     │フラッグ│ データ │     │フラッグ│
┈┈┈┈┈┴──────┴──────┴┈┈┈┈┈┴──────┴┈┈┈┈┈
```

(b) フラッグ同期

図 9.5 キャラクタ同期とフラッグ同期

しておく．そのやり方を図9.5(b)に示す．この方式の場合，受信側でフラッグパターンを確実に検出させるため，データ中に1が5個連続したときには，必ず送信側で次に0を挿入し受信側でこれを除去することにしている．この方式は，ハイレベルデータリンク制御手順（後述する）で採用されている．

9.4 データ伝送

　データ信号を伝送路に送出するときには，伝送路の形態によって伝送の方法が変化する．伝送路として線路を使う場合，最初に線路の導体の本数により伝送モードを選ばなければならない．次に，伝送速度と伝送距離に関することであるが，比較的低速のデータを近距離に送るときには，信号の波形をパルスを使って1と0に対応させ，このパルス波形を伝送する方式（ベースバンド伝送方式）を用いることができる．しかし，高速データや遠距離のときには，効率上何らかの変調をかけて送る必要があり，場合により多重化が必要となることもある．例えば，一般のアナログ電話網やディジタル公衆網等を使って低速データを送るときや，ディジタル専用線を構築して高速データを送るときなどがこれに当たる．この方法は現在広く用いられており，使用する伝送路によりアナログ伝送方式とディジタル伝送方式とに分類される．

9. データ通信

[1] 伝送モード

　伝送モードには，並列伝送/直列伝送，単方向/半二重/全二重の種類がある．一般に，同一建物内などのように距離の短いところへのデータ伝送は，8ビットの伝送に8本の伝送路を使う並列伝送が使われるが，距離の長い多くのデータ伝送では，多少時間がかかっても伝送路を節約して1本の伝送路で送る直列伝送が使われる．つまり，並列伝送は8ビットの同時伝送であるのに対して，直列伝送は8ビットの順次伝送となる．

　データ信号を伝送路に流すときは，信号電流をループ状に流すため，線路の導体は最低2本必要となる(2線)．しかし，この場合データ信号は一方向のみの伝送となる．これを**単方向通信**と呼ぶ．2線でも時間を分けて交互に使えば，双方向通信ができる．これを**半二重通信**と呼ぶ．常時双方向通信をしたければ，4線が必要となる．このような通信形態を，**全二重通信**と呼ぶ(1.2節，4.4節参照)．

[2] ベースバンド伝送方式

　1と0に対応する波形としては，図9.6に示すように種々の符号がある．単流符号は，1と0を電圧の有無に対応させる最も簡単な符号である．これに対して複流符号は，1か0かの判定をより確実にするため，電圧の極性の違いを使う符号である．RZ (Return to Zero) 符号は，タイムスロットより短いパルスを使って1や0を短く表現し，その後は電圧0の状態にもどしておく符号である．NRZ (Non Return to Zero) 符号は，タイムスロットすべてにわたるパルスを使って1や0を表現し，電圧が0にもどらない符号である．RZ符号はNRZ符号に比べると，パルスの幅が狭い分だけ広い帯域幅を必要とするが，微分回路により容易に同期パルスが得られる長所がある．バイポーラ符号は前に述べたように(4.3節)，0をパルス無し，1を＋と－のパルスに交互に対応させる符号で，低周波成分が少ない利点がある．マンチェスター符号は，1と0をそれぞれ＋－，－＋に対応させる符号で，バイポーラに比して2倍の帯域を必要とするが，直流分がないことと同期情報が容易に得られるという特長がある．バイ

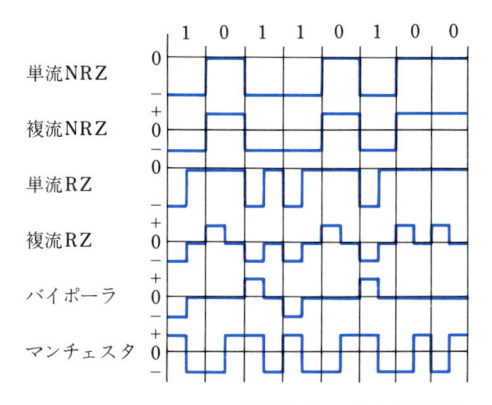

図9.6 ベースバンド伝送方式における信号波形

ポーラ以外の符号は近い距離で使用され，高速長距離通信には多くの場合バイポーラが使用されている．

以上述べたベースバンド伝送方式の考え方は，前に4.3節で述べたディジタル信号の伝送と共通するところが多い．

[3] アナログ伝送方式

ベースバンド伝送方式では，伝送路として平衡ケーブル，同軸ケーブルのような導体を対象としている．これに対して，アナログ電話網や無線でデータを伝送するときには，伝送路の特性から直流や低周波の伝送ができないことになり，使用できる周波数帯域に制約がある（アナログ電話網では0.3～3.4 kHz）．したがって，何らかの変調をかけて伝送することになるが，このような伝送方式を，ベースバンド伝送方式に対して**帯域伝送方式（キャリヤバンド伝送方式**ともいう）と呼ぶことがある．変調方式としては，前に述べたアナログの変調方式（AM，FM，PM）を使うことができる．ただし，信号が1と0のディジタル信号となるので，AMでは搬送波のオン・オフで，FMでは2種の搬送波の切替えで，PMでは位相の反転（180度変化）で表現できることになり，これらをそれぞれ**ASK，FSK，PSK**と呼ぶ．これらの中で，ASKは瞬断を0と誤

160   9. データ通信

ることがあるので，ほかの2者が広く使われている．

　従来からアナログ伝送路による伝送方式としては，アナログ電話網を利用したデータ通信が広く普及しているが，この場合にはもともと広い伝送帯域を必要とするディジタル信号を，制約された伝送帯域のもとで伝送するわけであるから，高速伝送はあまり望めない．MODEM は，アナログ電話網とのインタフェースに設置され，ディジタル信号をアナログ信号に変換する．MODEM ではFSK，PSK などの変調を行うが，これには多くの種類があり CCITT では V シリーズの勧告で，通信速度，通信方式などを規定している．300～1,200 bit/s の範囲では FSK が使用され，それ以上の高速では PSK が使われる．PSK の場合には図 9.7 に示すように，位相の変化を 2 ビット（4 相）や 3 ビット（8 相）に対応させて効率を高め，それぞれ 2,400 bit/s, 4,800 bit/s の高速伝送を可能としている．なお，全二重通信を行う場合には，搬送波の周波数を方向別に分けて 2 波使うことにしている．

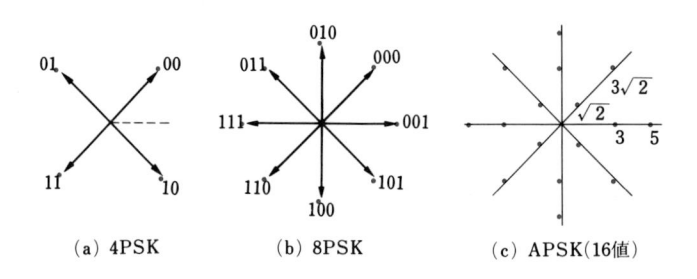

(a) 4PSK　　(b) 8PSK　　(c) APSK(16値)

図 9.7　各種位相変調

　さらに，伝送効率を高めたり，より高速の伝送に対しては，図 9.7(c) に示すように，データを振幅と位相を使い 4 ビット (16 値) に対応させた**振幅位相変調方式**(APSK)と呼ばれる高能率の方式があり，9,600 bit/s で使用されている．近年は高速化の研究が進み，14.4 kbit/s, 28.8 kbit/s のモデムが出現している．

　与えられた伝送周波数帯域が十分広く，送出するデータ信号が低速の場合には，前に3章で述べた周波数分割多重の技術を使うことができ，伝送路の利用

効率を高めることができる．また，アナログ電話網を使って，非常に高速のデータ伝送を行いたいときは，3章で述べたハイアラーキの中から必要な広帯域の多重レベルを選び，これを専用線として利用することができる．この場合には，変換効率の高い多値の振幅位相変調方式が有利となる．

[4] ディジタル伝送方式

ディジタル網でデータ信号を伝送する場合には，同じディジタルなので整合性がよく，変換効率が高く，装置も比較的簡易となる．そのための変換装置はDSUであり，ディジタル網とのインタフェースに設置され，同期と速度変換の機能をもっている．一般にデータ端末には，ディジタル伝送路（ディジタル網）との間に同期関係のない非同期端末と，網からの同期信号により同期がとれている同期端末とがあり，端末の速度はほとんどが200 bit/s〜48 kbit/sの範囲にあり多様である．このようにDSUは多種類となるが，これらを規定しているのが，CCITTのXシリーズ勧告である．以下にDSUの機能について述べる．

多種の端末速度を有するデータ信号を，DSUで速度変換するときの基本的な考え方として重要なことは，ディジタル電話信号の伝送速度64 kbit/sとの整合性である．このことは，アナログ電話網で伝送するときに，伝送帯域として0.3〜3.4 kHzの制約条件を設けるのと同様である．すなわち，伝送する信号の基本単位としては，電話信号と同様に8ビット（これを**オクテット**という）にすることと，伝送速度としては，低速のデータ信号の場合に後で多重化が容易にできるように，64 kbit/sの整数分の一にしておくことが重要である．

図9.8に，2,400 bit/sの同期データ伝送の場合の例を示す．同期端末は，網からクロック（同期信号）をもらい，これにより同期をとり，1点サンプリングを行う．その後データ信号を6ビットごとにまとめ，その前後に同期のためのFビット（フレームビット）（エンベロープごとに1と0を交互にとる）と，通信・非通信の区別を行うSビット（ステータスビット）（通信は1，非通信は0）を付加し，1オクテットとする．この形式は，データ6ビットに制御2ビットを加え

162　9. データ通信

```
送信データ信号 (2,400 bit/s)
サンプリング信号 (2,400 bit/s)
サンプリング後の信号
エンベロープ形式信号 (3.2 kbit/s)
```

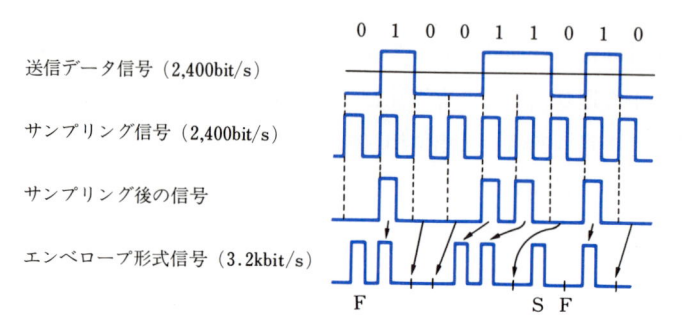

図 9.8　同期データ伝送における信号の変換

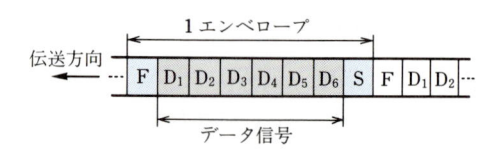

図 9.9　エンベロープ形式

たもので，**エンベロープ形式**とも呼ばれており，その模様を図 9.9 に示す．このように，2,400 bit/s のデータ信号は 3.2 kbit/s に変換され，実際に伝送路に送出するときにはさらにバイポーラに変換される．伝送路上を伝送するときの伝送速度（上の例では 3.2 kbit/s）を，**ベアラ** (bearer) **速度**と呼ぶ．これからわかるように，ベアラ速度は同期伝送の場合，端末における速度の 8/6 倍となっている．

非同期データ伝送は，網からクロックをもらわずにデータ伝送を行うやり方で，調歩同期端末のような 1,200 bit/s 以下の伝送で使われる．このような低速端末については，網内のクロックから作ったサンプリングパルスにより多点サンプリングを行い，その後で先ほどと同様に，6 ビットにまとめて F・S ビットを付加し 1 オクテットとしてやり，同期伝送のときと同様のベアラ速度で伝送路に送出してやる．この方式は，データ 1 ビットを送るのにかなりのビットを使うので伝送効率は悪いが，装置が簡易であるため，広く用いられている．

表9.2に,端末におけるデータ信号速度と伝送路上のベアラ速度との対応を示す．この表からわかるように,ディジタルデータ伝送方式におけるベアラ速度は,同期・非同期に無関係に $64 \div n \,(\text{kbit/s})\,(n=1, 5, 10, 20)$ の4種に系列化されている．

表9.2 データ信号速度とベアラ速度との対応

同期	端末速度〔bit/s〕	サンプリング数	ベアラ速度〔kbit/s〕
調歩同期	200	12点	$200 \times 12 \times 8/6 = 3.2$
	300	8点	$300 \times 8 \times 8/6 = 3.2$
	1,200	4点(DDXでは8点)	$1,200 \times 4 \times 8/6 = 6.4$
同期	2,400	1点	$2,400 \times 8/6 = 3.2$
	4,800	1点	$4,800 \times 8/6 = 6.4$
	9,600	1点	$9,600 \times 8/6 = 12.8$
	48k	1点	$48\text{k} \times 8/6 = 64$

データ信号の多重化は,まずディジタル電話信号0次群 (64 kbit/s) に,3.2 kbit/sベアラを20チャネルか,6.4 kbit/sベアラを10チャネルか,または12.8 kbit/sベアラを5チャネルかのいずれかを,多重に収容し伝送することができる．これ以上の多重化もしくは超高速のデータ伝送に対しては,3.7節で述べたディジタル伝送方式のハイアラーキの中で行うことになる．また,データ網の中の装置間の同期については,3.7節で述べた網同期が使われている．

9.5 伝送制御

端末とセンター間,または端末相互間でデータ伝送を行うときには,送信相手に確実に接続することと,情報を正確に伝送することが必要である．電話による会話と異なり,多様な機械対機械通信の場合には,送受信装置の間でハードウェア,ソフトウェアについて,詳細な取り決め（プロトコル）を厳密に行っておく必要がある．そのために各種の制御があり,これらを総称して**伝送制**

164   9. データ通信

```
┌─────────────────────┐
│ フェーズ1（回線の接続）│
└─────────────────────┘
          ⇩
┌─────────────────────────┐
│ フェーズ2（データリンクの確立）│
└─────────────────────────┘
          ⇩
┌─────────────────────┐
│ フェーズ3（情報の転送）│
└─────────────────────┘
          ⇩
┌─────────────────┐
│ フェーズ4（終結）│
└─────────────────┘
          ⇩
┌─────────────────────┐
│ フェーズ5（回線の切断）│
└─────────────────────┘
```

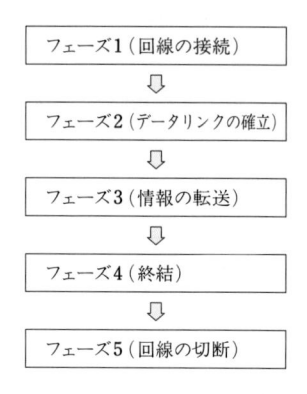

図9.10 伝送制御のフェーズ

御と呼んでおり，これを行うための一連の規約を**伝送制御手順**と呼ぶ．

　伝送制御は，図9.10に示されるように時間的に5つのフェーズから成り立っており，これらは電話で会話するときの手順と類似したものである．回線の接続は，ダイヤルによる相手の呼出しを意味する．データリンク（データ伝送の経路）の確立は，相手の確認と受信準備状態の確認が主要なことである．データリンクの確立の方法には，コンテンション方式と，ポーリング/セレクティング方式の2種類がある．前者は，各端末が対等の立場をとり，早く送信要求を出したものに送信権を与える早いもの勝ちの方式である．後者は，集中制御になっていて，親の制御局が子の従属局に順次に送信希望を問い合わせてリンクの確立を行う方式で，マルチポイント回線に適する方式である．データリンクが確立されるとデータの転送が始まるが，その際には，前に述べた同期のほかに，符号誤りの検出・訂正を行う誤り制御などが重要となるが，詳細は後に述べる．終結は，データ伝送が終わったことを相互に確認し，データリンクを解放することである．回線の切断は，回線の接続を断ち，最初にもどることを指している．フェーズ1と5は，交換機が介在するときのみ必要で，常時接続されているときは不要である．

　伝送制御手順には，何も取り決めがない簡易な無手順と，低速から高速まで

9.5 伝送制御

幅広く使用されている基本形データ伝送制御手順と，比較的新しく高速で高度の機能をもつハイレベルデータリンク制御手順とがある．以下に，重要な基本形データ伝送制御手順と，ハイレベルデータリンク制御手順について概要を述べる．

[1] 基本形データ伝送制御手順

これは，IBMが考案したBSC手順を基にしてISOで標準化した手順で，わが国では1975年にJIS規格として最初に制定された制御手順である．別名**ベーシック制御手順**とも呼ばれている．この手順の特徴は，10種類の伝送制御キャラクタを使って，JIS 7単位符号によるキャラクタ単位の単方向および半二重通信を基本モードとするもので，コンテンション方式とポーリング/セレクティング方式の2方式がある．また，拡張モードとして，全二重通信，同報通信，JIS 7単位符号以外の符号も伝送可能とするコードインディペンデントモード等の諸機能もある．前に表9.1でJIS 7単位符号を示したが，この中で機能キャラクタは情報処理の上で必要なキャラクタであり，伝送制御，書式制御，装置制御等からなっている．データ伝送上重要な機能は伝送制御で，表9.3に伝送制御キャラクタの内容を示す．

表9.3 伝送制御キャラクタ

符号	名　　称	意　　味	2値データ
SOH	Start of Heading	ヘッディング開始	0000001
STX	Start of Text	テキスト開始	0000010
ETX	End of Text	テキスト終了	0000011
EOT	End of Transmission	伝送終了	0000100
ENQ	Enquiry	状態問合せ	0000101
ACK	Acknowledge	肯定応答	0000110
DLE	Data Link Escape	伝送制御拡張	0010000
NAK	Negative Acknowledge	否定応答	0010101
SYN	Synchronous Idle	同期信号	0010110
ETB	End of Transmission Block	ブロック終了	0010111

166　9. データ通信

ベーシック制御手順では，伝送するデータを**メッセージ**と呼び，メッセージはヘッディングとテキストから成り立っている．テキストはいわゆる本文に相応し，ヘッディングは経路やメッセージ番号などの補助情報に用いるが，使用しない場合もある．ヘッディングやテキストを識別するために，伝送制御キャラクタを用いる．ヘッディングにはその前に SOH をつけ，その後に続くテキストには始めに STX を，終わりに ETX をつける．長いテキストは，いくつかのブロックに分けて伝送することになるが，この場合ブロックの始めに STX を，終わりに ETB をつけ，最終ブロックに ETX をつけて終結することにしている．以上の様子を図 9.11 に示す．なお，ブロックの大きさには制限はないが，100 字前後の固定長が多く使われている．

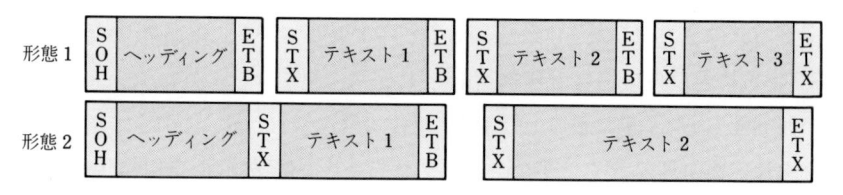

| 形態1 | SOH | ヘッディング | ETB | STX | テキスト1 | ETB | STX | テキスト2 | ETB | STX | テキスト3 | ETX |

| 形態2 | SOH | ヘッディング | STX | テキスト1 | ETB | STX | テキスト2 | ETX |

図 9.11　ブロック分割によるデータ伝送

この制御手順による実際のデータ伝送の時間的流れを，図 9.12 に示す．すなわち，最初に送信側から ENQ を送って応答を求め，正しく接続されていれば ACK が (そうでなければ NAK が) 返送され，データリンクが確立される．次に前述のヘッディング，テキストの順に送ることになるが，その際，ブロックごとに区切って誤りのチェックを行い，正しく送られていれば ACK を，そうでなければ NAK を返送し再送を要求する誤り制御を行い，最後に EOT を送り終結する．同期のためには前に述べたキャラクタ同期が使われ，ENQ, ACK, NAK, メッセージの前に SYN が付加される．なお DLE は，コードインディペンデントモードを使用するときに使うキャラクタである．

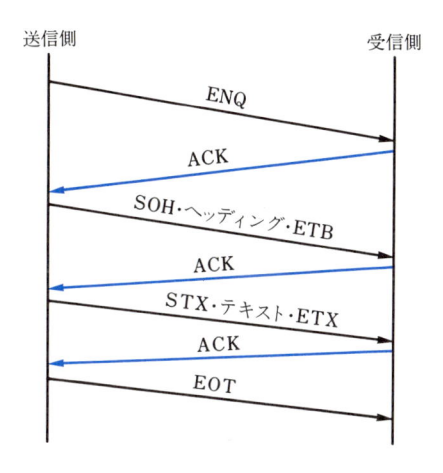

図9.12 ベーシック制御手順の流れ

[2] ハイレベルデータリンク制御手順

　基本型データ伝送制御手順は，コンピュータと端末装置間のデータ伝送を前提としており，コンピュータ間の高速データ伝送に対しては，不十分な面が多かった．そこで，その後に新しく考えられた制御手順が**ハイレベルデータリンク制御手順**（High Level Data Link Control Procedure），略して **HDLC 手順**である．基本型データ伝送制御手順は，基本的には文字コードの伝送なので，画像のような文字形式と異なる高速のデータ伝送に対しては特別な配慮が必要となることや，ブロックごとの交互送受信による確認は伝送効率が悪く，高速に適さないという問題点がある．また，誤り制御も十分とはいえず，信頼性にも若干の問題がある．HDLC 制御手順は，このような問題点を解決し，伝送効率と信頼性を高め，コードトランスペアレンシイ（情報の透過性）伝送を可能とした高度な伝送制御手順であり，広範囲な分野で使用されている．

　HDLC の大きな特徴は，ブロックに代わるフレームにある．フレームは転送の単位で，図9.13 に示すように情報メッセージと制御情報を，**フラッグシーケンス**と呼ばれる特定パターンで前後を囲んだ構成となっている．フラッグシー

9. データ通信

フラッグ シーケンス	アドレス フィールド	制御 フィールド	情報フィールド	フレームチェック シーケンス	フラッグ シーケンス
F	A	C	I	FCS	F
8ビット	8ビット	8ビット	任意ビット長	16ビット	8ビット

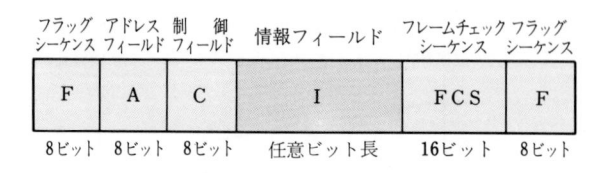

図9.13 HDLCのフレーム構成

ケンスは，01111110の8ビットのパターンで，フレームの開始と終了の表示と同期確立の役割をもっており，フラッグシーケンス以外のフィールドでこのパターンが現れないようにするため，1が5個連続したら次に0を挿入し，受信側でこれを除く方法をとっている．アドレスフィールドは，送受信側のアドレス表示に使用し，制御フィールドは，相手側に対する指令や応答を示す部分で，多くのコマンド，レスポンスから成り立っている．情報フィールドには，送るべき実際の情報メッセージが入る．フレームチェックシーケンスは，符号誤りの有無を検査する16ビットの誤り制御のためのシーケンスで，CRC（Cyclic Redundancy Check Code）方式が使われている（後述する）．

[3] 誤り制御

データ伝送では，伝送路で混入する雑音などにより，10^{-5}〜10^{-6}程度のビット誤りは避けられない．このような誤りを検出し，訂正を行うことを**誤り制御**という．その方法としては，情報に冗長ビットを付加し，受信側でこれを監視して誤りを検出し，送信側から再送してもらうやり方が広く用いられている．そのほか，受信側で受信と同時にデータを送信側へ返送し，送信側で送信情報と照合しチェックするような方式もある．ここでは，代表的なパリティチェック方式，CRC方式について説明する．

パリティチェック方式は，データをある長さに区切り，データに含まれている"1"の数が偶数または奇数になるように1ビットを付加して伝送し，受信側で偶数か奇数かを調べて誤りを検出する方式である．この方式には図9.14に示すように，7ビット（1文字）ごとに1ビット付加する垂直パリティチェック方

9.5 伝送制御

```
情報の流れ ← |1000001|1|0100001|1|1100001|0| ……
              文字A   P  文字B   P  文字C   P
           P；パリティビット
```

(a) 垂直パリティチェック方式

	A	B	C		
P	1	1	0		1
b_7	1	1	1		0
b_6	0	0	0		0
b_5	0	0	0		1
b_4	0	0	0		0
b_3	0	0	0		1
b_2	0	1	1		1
b_1	1	0	1		0

文字　A　B　C　　　　　水平パリティコード

(b) 水平パリティチェック方式

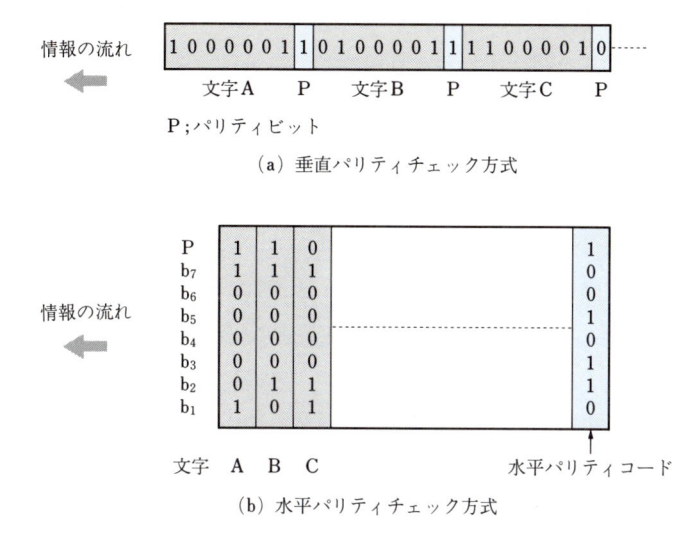

図9.14　パリティチェック方式

式と，1ブロックごとに各文字間の対応ビットをまとめて，偶数か奇数になるよう8ビット付加する**水平パリティチェック**方式とがある．また，上記2方式を重複使用する**水平垂直パリティチェック**方式もある．パリティチェック方式は，容易に誤りを検出できることが利点であるが，一方，偶数ビットの誤りに対しては検出不可能という欠点もある．水平垂直パリティチェック方式では，2重のチェックを行うので検出能力が改善されている．なお，偶数か奇数かのいずれをとるかの取り決めは，垂直パリティについては非同期（調歩同期）の場合に偶数，同期の場合に奇数と決めており，水平パリティについては偶数と決めている．

　CRC方式は，チェック符号の作り方が複雑だが，内容を簡単に述べると，送信側でかなり長いデータを一定のルールに従って割り算を行い，その剰余を情報データに付加して伝送し，受信側で計算を行って誤りを検出する方式である．ビット誤りが散発的に起こる場合には，パリティチェック方式で十分対応できるが，連続した誤り（バースト誤りという）に対しては無力となり，CRC方式

が有効となる．CRC方式は，高度の誤りの検出能力を有するが，さらにある条件のもとでは誤りを訂正することも可能で，今後各方面で幅広く使われていくものと考えられる．

9.6 データ通信網

ここでは，実際に広く使われているデータ通信システムについて述べる．データ通信システムを利用面から分類すると，特定のユーザが専用的に利用する専用線，交換機を経由して不特定多数の相手と通信できる公衆データ通信網，特定目的による企業内もしくは企業間の狭域，広域のデータ通信網がある．これらの概要を以下に述べる．

[1] 専用線

ユーザは，電気通信設備をもっている第一種通信業者（NTTなど）から伝送路となる回線を借り，端末を準備してデータ通信を行うことができる．このような形式を専用線と呼ぶ．これは，相手が常に固定している直通回線を構築したことになり，企業内データ通信として広く利用されている．回線には，アナログ回線，ディジタル回線があり，端末との接続に際しては，アナログ回線の場合にはMODEMが，ディジタル回線の場合にはDSUが必要となる．

NTTの場合を例にとると，アナログ回線は，伝送帯域により音声帯域（0.3～3.4 kHz）および周波数分割多重レベルの48 kHz（音声12チャネル分），240 kHz（音声60チャネル分）の各帯域が用意されていて，その周波数帯域の信号の伝送が可能である．例えば，音声帯域を利用するデータ伝送の場合には4,800 bit/sまでの伝送が広く使用されるが，CCITTでは更に，アナログ電話網用として9,600 bit/s (V.32), 14.4 kbit/s (V.32 bis) および28.8 kbit/s (V.34) の高速モデムも勧告している．

一方，ディジタル回線については，ディジタル音声の伝送速度（64 kbit/s）および時分割多重レベルの192 kbit/s（3チャネル分），384 kbit/s（6チャネル

分),768 kbit/s(12 チャネル分),1.536 Mbit/s(24 チャネル分),6.144 Mbit/s (96 チャネル分)のほか,最近では 50 Mbit/s,150 Mbit/s の各速度が用意されていて,各種高速ディジタル伝送が可能となっている.専用線は,料金面から見ると使用量に無関係な定額制なので,一般に利用頻度の高いデータ通信に適している.

[2] 公衆データ通信網

交換機を経由し,不特定多数の相手とデータ通信が可能な公衆データ通信網は,現在 NTT が広くサービスを提供しているが,主要なものに次の 4 種の網がある.
① 公衆電話網　　　　② 回線交換網
③ パケット交換網　　④ ISDN 網

①は,一般の電話加入者が現行の電話網を利用してデータ通信を行うもので,簡便であるが,本来電話を対象として設計されている通信網なので,十分な伝送品質,伝送速度は望めず,普通はおおむね 4,800 bit/s 以下の簡易な伝送に利用している.②と③は,昭和 54 年と 55 年に相次いでサービスを開始したデータ通信専用の通信網であり,DDX-C (digital data exchange-circuit),DDX-P (digital data exchange-packet) とも略称されている.これらはデータ通信の普及,発展に伴い,より効率的なデータ通信回線の提供を目的に作られたが,その特徴は広範囲な通信速度 (200 bit/s から 48 kbit/s までの 7 種),高い伝送品質,豊富な機能にある.網を構成する交換機と伝送路はすべてディジタルで,②では回線交換機,③ではパケット交換機が網のノードに設置されている.パケット交換網においては,128 オクテットを単位としてパケットを組み立てるが,交換機ばかりでなく端末で組み立てる場合 (パケット端末) もある.また,パケット交換網へのアクセスが地域的に不便な場合に対しては,一般電話網を経由することも可能なサービス (DDX-TP) がある.ただし,この場合には MODEM を使うことになり,速度は 4,800 bit/s までに制限される.

回線交換機とパケット交換機についてはすでに 5 章で詳しく述べたが,パケ

ット交換は通信の遅延と高速性に多少の欠点をもつものの，高品質・高信頼性，多様な端末への対応などの面からデータ通信に対しては利点が多く，広く利用されている．

図9.15に，専用線，公衆電話網，回線交換網，パケット交換網を利用してデータ通信を行うとき，これらのネットワークの特徴からそれぞれが有利となる領域を示す．専用線は，常時大量のデータを送るときに適することは当然であるが，公衆電話網と回線交換網は，品質と速度に違いがあるものの，伝送路などの通信設備を通信中占有するので料金（距離と通信時間に比例）が高くなり，比較的通信密度の高い近距離通信に適することになる．これに対してパケット交換網は，データを送るときだけ伝送路を使用し，回線を占有することなく，共用できるので，通信密度の低い散発的なデータの伝送や，長距離通信に適している．

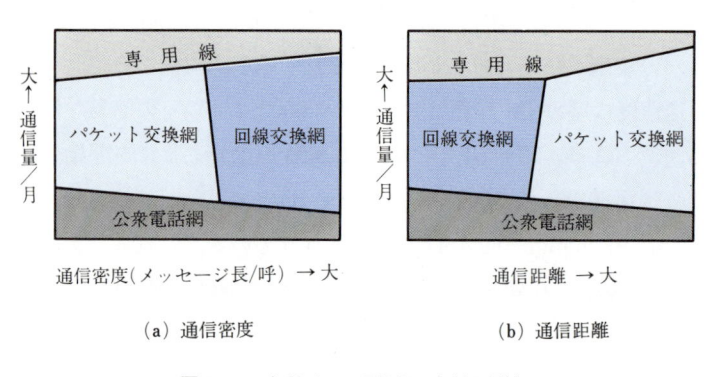

(a) 通信密度 (b) 通信距離

図9.15 各種データ通信網の有利な領域

④のISDN網は，昭和63年に主要先進国で一斉にサービスが開始された新しいマルチメディアのディジタルネットワークであり，今後の発展が大きく期待されているものである．これについては次章で詳しく述べる．

[3] その他のデータ通信網

いままで述べてきたデータ通信網は，広く一般のユーザを対象にした公共性

の高い公衆網であった．しかし，コンピュータの普及とそれに伴うデータ通信の多様な進展は，特定の目的・用途に応じ，より効率の高いデータ通信網の形成を目指すところとなってきた．このようなデータ通信網は，企業内，関連企業間などの閉域プライベートネットワークが多く，地理的にも同一建物内，特定地域内の狭域のものから，全国にまたがる広域のものまで多様である．また，ユーザの共通性の高い要望に応じて，機能を付加した VAN（付加価値通信網）と呼ばれる第二種通信業者による一般向けのサービスもある．

　上記のデータ通信網の中で，近年著しい技術の進歩と急速な普及で注目されている分野に **LAN**（Local Area Network）がある．これは主として同一建物内を対象にしており，最初の LAN として有名になったのがゼロックス社のイーサネットである．これは，同軸ケーブルを用い，図 9.16 に示すバス型のネットワークで構成され，簡易で拡張が容易であるため現在も広く使用されている．その後，IBM からリング型が発表されるなど，LAN の研究開発が進められ，標準化も確立された．図は LAN の代表的な構成を示したもので，スターは構内交換で古くからある形状である．LAN は，網形状のほか，伝送媒体と通信方式が重要である．伝送媒体としては，ペアケーブル，同軸ケーブルのほか，高速伝送のために光ファイバが使用されるが，状況によっては無線が使われている．通信方式は，周波数分割，時分割などあるが，特に重要なのは各装置間を情報の衝突なしに確実に通信できるようなアクセス制御であり，そのために網構成に適した方法が数種確立している．

　LAN は今後，さらに多機能化，高速化が進められ，またデータ通信ばかりで

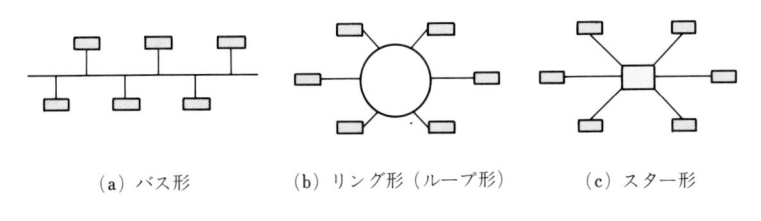

　　(a) バス形　　　　(b) リング形（ループ形）　　　(c) スター形

図 9.16　各種 LAN 網

なく，音声や画像などの情報も含めた統合通信化も進められることになる．このような LAN が普及してくると，次に高度の LAN 間通信が重要課題となってくる．最近実用になっているものに，**フレームリレー**と呼ばれている方式がある．これは，現在のパケット交換網が 48 kbit/s 以下の速度となっており，高速化には十分対応できないため，データの再送制御などを省略して，高速化を図った新しいパケット通信方式（相手固定接続）である．

[4] 通信プロトコル

　データ通信では前に述べたように，コンピュータ，端末，その他のシステムが，お互いに円滑に通信できるように取り決め（プロトコル）を定めておく必要がある．その内容は，通信のために必要なあらゆる機能が含まれ，具体的にはコネクタの形状や信号の電圧など物理的なものから，データの表現形式，意味内容の制御に至るまで様々である．ネットワークを構成している各要素の機能は非常に多いが，これらを階層的に整理し，各機能間のプロトコルを体系的に決めておかねばならない．これが**ネットワークアーキテクチュア**（Network Architecture）の考え方である．

　ネットワークアーキテクチュアは，情報処理の立場から ISO が，電気通信の立場から CCITT が検討し，OSI 基本参照モデル（Open System Interconnection Basic Reference Model）を定め，標準化が進められている．これは表 9.4 に示すように 7 階層からなり，主として下位の 4 階層は通信機能のプロトコル，上位 3 階層はサービスの内容に関わるデータの処理に関するプロトコルである．標準化作業は，下位の階層から始められ，順次上位層へ移ってきており，勧告の形に取りまとめられている．代表的勧告の例をあげると，物理層ではDTE とアナログ網との接続に関する CCITT の V シリーズ勧告や，ディジタル網との接続に関する X シリーズ勧告があり，データリンク層では伝送制御手順，ネットワーク層では X.25 パケット制御手順などがあり，すでに勧告化されている．

表9.4 OSI基本参照モデル

	階　　層	機　　能
7	アプリケーション層	システム管理，ファイル転送，電子メール
6	プレゼンテーション層	符号化，暗号，データ圧縮などのデータ表現形式
5	セッション層	論理的コネクション設定，送信権などの会話制御
4	トランスポート層	網に依存しない情報転送，誤り制御，多重化
3	ネットワーク層	通信路の選択，中継・パケット制御
2	データリンク層	論理的伝送路の設定，同期，伝送制御
1	物理層	コネクタ，伝送媒体などの物理的規格と電気信号

10 マルチメディア通信

10.1 概要

　本書では2章から5章までに情報通信サービスを行う上で必要な通信基盤についての基礎知識を述べた．すなわち構成要素となっている伝送媒体，信号の処理・伝送・交換について原理やしくみなどを述べた．また6章では無線独特の衛星通信と移動通信のしくみについて述べた．これらは物理的なハードウェアであり，かつ限られた機能からなる要素技術である．この通信基盤を利用して音声通信，画像通信，データ通信のようなサービスを実施しようとすれば，情報通信の性質，通信端末における通信処理，そして通信システムの構成などの検討が必要で，不特定多数の相手との通信まで含めるとネットワークとしての幅広い検討が必要になる．7章から9章までは各種情報メディアを伝達サービスするために特化された通信システムとネットワークとして現在広く使われている音声通信，画像通信，データ通信を取り上げて説明した．

　これまでの長い間，情報通信サービスの主役は電話であり，全国の隅々まで巨大な電話網におおわれており，電話以外の情報サービスは不十分ながら電話網を利用していた（例えばモデムによるデータ通信）．しかしこれからの情報化社会では電話のほか，コンピュータ通信を中心とするマルチメディア通信に多大の期待が寄せられている．一口にマルチメディア通信といってもその内容は極めて幅広くかつ奥が深いものである．すなわち，それぞれの情報信号の性質，トラヒック特性，通信形態，要求されるサービス品質などの研究が必要で

あり,想定されるサービスは極めて多様である.そして構築されるネットワークに対し具備すべき条件は何かを明らかにしなければならない.以上に述べたように多くの克服すべき課題があり実現への道のりは非常に険しい.

これまでの研究結果からマルチメディアネットワークとしてすでに実現し,よい評価を得て現在普及しているマルチメディアサービスに,ISDNとインターネットがある.次にここで両者についての生い立ちとどのようなものなのかについて簡単に概要を述べ,次節以降でやや詳しく述べることとする.

[1] ISDN

マルチメディアを形成しているものは様々の情報メディアである.以前は特定の情報メディアのネットワークを構築するときには,その特定メディアの特性に整合した最適な専用ネットワークとしての設計を行っていた(例えば電話網,データ交換網).マルチメディア通信の場合にはこのやり方では多種類となりうまくいかない.そこで何か各情報メディアに共通なものを探して整理し,ユニバーサルなひとつのネットワークにできないかという考え方が生まれる.これが総合網と呼ばれるものである.総合網を実現するには近年著しく進歩したディジタル技術を利用することがよいということでディジタル網の研究が進められた.その考え方は,音声や画像などのアナログ系の情報信号は3.5節で述べたPCM方式によりディジタル信号に変換し(A/D変換),データ通信などのディジタル系の情報信号はディジタル信号同士なので簡単な同期と必要なら速度変換を行う(D/D変換)ことにより,すべての情報メディアの信号が2値のディジタル形式に統一することができるというものである.この変換を通信端末で行いネットワーク内はすべて2値信号で伝達するのがディジタルネットワークである.

幸い通信の分野では,トランジスタ出現後のディジタル技術の進歩に伴って,電話網の中のディジタル化の研究実用化が進行していた.そのときの状況を以下に簡単に述べる.伝送分野ではディジタル伝送が従来のアナログ伝送に比して非常に優れた伝送特性を有することが明らかとなり,1965年に最初の

ディジタル方式となる平衡ケーブルを用いた近距離 24 チャネル PCM 方式が実用化された．その後は同軸ケーブルを用いた超多重化，およびマイクロ波のディジタル化に進んだが，ほどなくして極めて優れた伝送媒体である光ファイバの出現により伝送技術はさらに変革し，1981 年光ファイバ伝送方式が実用化された．電話網の中の伝送システムは，ディジタル化に親和性を有する LSI 技術と光伝送技術の発展に支えられて，ディジタル化への変貌が急速に進行した．交換の分野ではクロスバ交換機から電子交換と変貌を遂げてきたが，通話路系は空間分割であり，新しい LSI の開発が困難でディジタル化は遅れた．1982 年に PCM を用いたディジタル交換機が実用化され，電話網の中に大量に導入された．その結果，NTT の電話網は 1997 年末に加入者系を除くすべてのディジタル化が完了した．ディジタル化への変貌の模様を図 10.1 に示す．図中の A はアナログ形式，D はディジタル形式を表す．図（a）は以前のアナログ電話網で，伝送システムがアナログかディジタルの多重伝送システムであるのに対し，交換機は空間分割のアナログ交換機となっており，伝送と交換のインタフェースは音声信号接続となっていた．図（b）は交換機，伝送システムのすべてがディジタル化された現在の状況を示している．図（c）は端末に至るまで

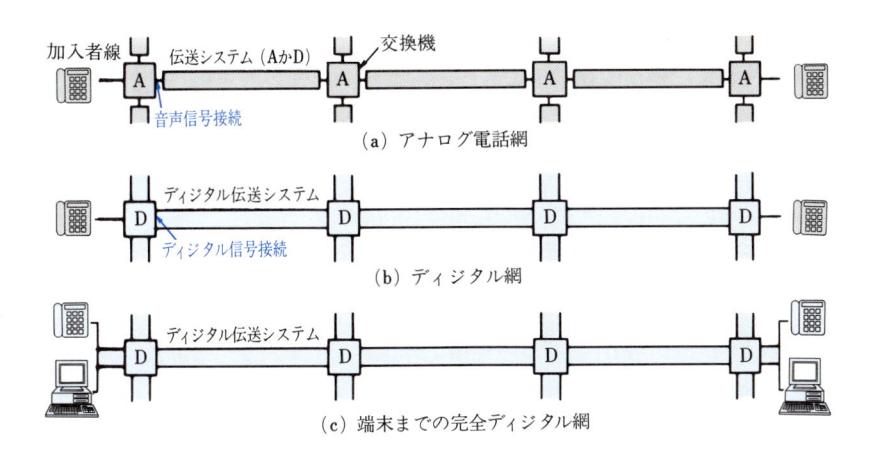

図 10.1　通信網のディジタル化

すべてディジタル化された完全なディジタル網となった場合を示している．この場合，電話機は当然ディジタル電話機を使用することとなるが，その代わりに他のディジタル情報端末を使うことも可能となるわけである．つまりディジタル形式のサービスが受けられる利便がある．図(b)と(c)の違いはユーザの端末機器とネットワーク側の入口にある交換機入力の間の部分（端末機器と加入者線）がディジタル化されているか否かである．現在の電話のサービスは図(b)の形態で行っており，図(c)のサービスは例えば通信業者との間に後述するISDNのようなディジタルサービスの加入契約を結んだときに実現されるものである．

以上に述べたことからわかるように，電話網のディジタル化とは図10.1(b)の形式を実現することであり，ネットワークの入口の交換機の入力にある符号器でアナログの音声信号を2値のディジタル信号に変換し，ネットワーク内をこの2値の信号形式で一元的に伝達することである．その結果，次のような利点を生むこととなる．

① 通信網の経済化：ディジタル多重信号接続による伝送交換インタフェース装置の簡易化，各機器のLSI化
② 高品質化：ディジタル伝送の優れた特性（雑音，ひずみ，損失変動），ディジタル1リンク（網内の変復調1回）
③ 高性能化，多機能化：情報の圧縮，蓄積，処理の容易化，制御と保守の高度化
④ マルチメディア化：ディジタル情報端末の導入による各種情報メディア信号伝達のための総合網の実現（図10.1(c)）

以上のことからマルチメディア通信に適するネットワークとして**サービス総合ディジタルネットワーク（ISDN）**の研究が各国協調の下でスタートし，並行してCCITT SG XVIIIにおける標準化作業が進められた．まもなく第一段階の簡易なISDNのシステムが確立し，1988年，先進各国は一斉にサービスを開始した＊．図10.2は現行の各種の個別網がISDNに変貌する様子を示した

―――――
＊わが国ではNTTがINS Net 64とNet 1500の商品名でサービスしている．

10.1 概要　　181

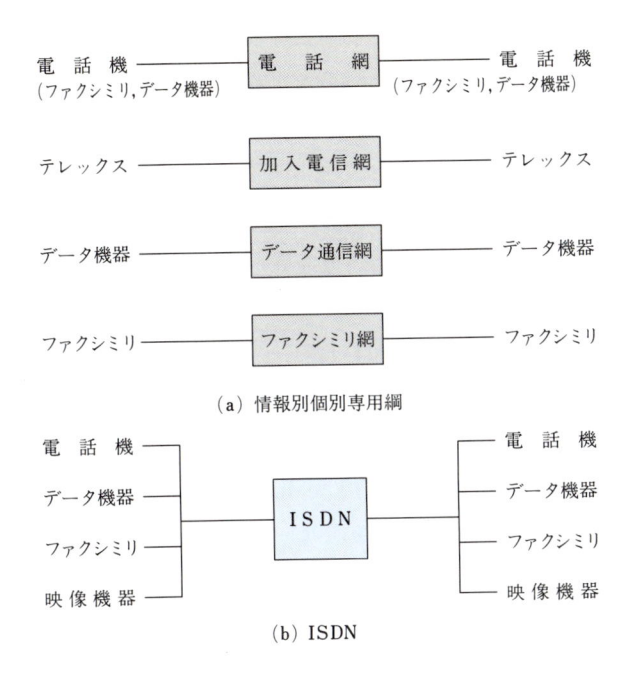

```
電　話　機 ─────┬─電　話　網─┬───── 電　話　機
(ファクシミリ,データ機器)            (ファクシミリ,データ機器)

テレックス ─────┬─加入電信網─┬───── テレックス

データ機器 ─────┬─データ通信網─┬───── データ機器

ファクシミリ ─────┬─ファクシミリ網─┬───── ファクシミリ
```
(a) 情報別個別専用網

```
電　話　機 ─┐                    ┌─ 電　話　機
データ機器 ─┤                    ├─ データ機器
            ├──── ISDN ────┤
ファクシミリ ─┤                    ├─ ファクシミリ
映像機器 ─┘                    └─ 映像機器
```
(b) ISDN

図 10.2　情報別個別専用網から一元的総合網へ

ものである．ここで注意を要することは前にも述べたが，図の形態になるのは通信業者と ISDN の新規加入の契約を結んだときであり，契約しなければ端末機器は従来のアナログ型のままである．

[2] インターネット

　近年コンピュータ通信から発展したマルチメディア通信としてのインターネットは，多くの話題を提供しながら親しまれ急速に普及してきた．インターネット (internet) とは本来，ネットワークのネットワークという意味であり，単一のネットワークを意味するものではなく，一般に企業の LAN や商用のパソコン通信などを相互に接続したネットワークを意味している．インターネットは初め米国の国防省が 4 つの大学のコンピュータと接続して 1969 年に構築した ARPA Net と呼ばれる研究用ネットワークであった．これは戦争で通信

センタが攻撃されて通信が壊滅状態となるのを避けるため，センタを作らず分散制御とすることによって生き残りを図るという軍事目的から研究された．その後1980年代に入って，ベル研究所が開発したワークステーション用のUNIXと呼ばれるOSにパケット交換技術をベースとするTCP/IPが標準装備されたが，このプロトコルがARPA Netの通信方式に適するということで採用されたことがインターネットの発展に大きな影響を与えた．1983年，ARPA Netは軍事部門を切り離し，全米科学財団（NSF）の運営する学術研究用ネットワークNSF Netに移行し，全米6カ所のスーパコンピュータセンタを56 kb/sの専用線で結び大陸を横断するバックボーン・ネットワーク（大容量の基幹ネットワークの意味）として運用を開始した．これが現在広く親しまれている「インターネット」（The Internet）の源流である．1990年代に入ると，商用のインターネット接続サービスを提供する通信業者が出現し，NSF Netのバックボーンの運営が民間会社に移管され，民間主導のインターネット時代を迎えることとなった．

　日本のインターネットは1984年に慶応大学，東京工業大学，東京大学をUNIXで装備したコンピュータで結んだJUNETの実験が最初である．その後，WIDEプロジェクトに発展し，1990年代に入ると商用のインターネット接続サービスを行うインターネット・サービス・プロバイダと呼ばれる通信業者が出現した．そして，1993年には日本のインターネット全体を円滑に運用するため，日本ネットワーク・インフォメーションセンター（JPNIC）が東大内に設置され，アドレスの割り当てなどを担当することとなった．

　以上に述べたように，インターネットは図10.3に示したような，パケット通信のプロトコルであるTCP/IPを備えたコンピュータネットワークが相互接続された分散制御型ネットワークである．図に示したように，それぞれのネットワークにはパソコン通信ネットワーク，企業内LAN，大学間ネットワーク，政府機関関係ネットワーク，地域ネットワーク，インターネット・プロバイダネットワークなど種々の性格の異なるネットワークがある．これらを相互に結びつけたバックボーン・ネットワークがインターネットである．図の中で

(a) インターネット (b) パソコン通信

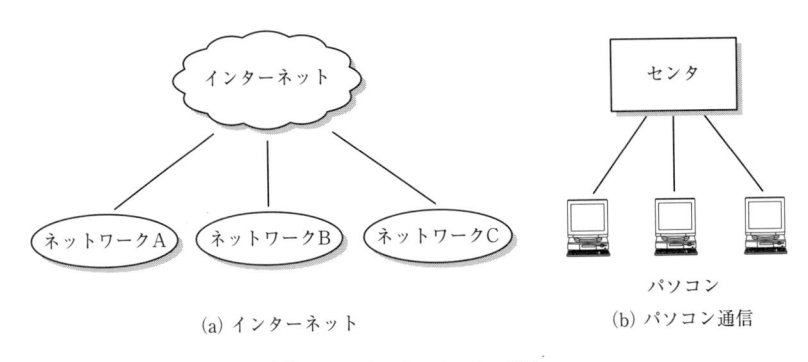

図10.3　インターネットの概念

参考までに通常のパソコン通信の形態も併せて示したが，パソコン通信は大規模なコンピュータが設置されているセンタに多数の端末としてのパソコンが接続し，センタが管理し集中制御するネットワークであるのに対し，インターネットは非階層構成，水平分散制御を用いた従来なかった新しい発想のネットワークである．

インターネットは多くの優れた特徴をもっているが，急速に普及した原因は「WWW」(World Wide Web) と呼ばれているマルチメディアの情報検索にある．WWWは世界中にまたがるくもの巣を意味し，世界中の情報に簡単にアクセスするしくみのことである．その操作は，まず情報を受ける側（クライアント）のパソコンから情報を提供する側（サーバ）をドメインネームと呼ばれているわかりやすいアドレス（URL：Uniform Resource Locator）で指定して「ホームページ」と呼ばれる画面を呼び出し，画面の中の特定の絵や文字をマウスでクリックして欲しい情報を選択し取り出すだけである．すなわち，面倒なコマンドを覚えなくとも欲しい情報に直接アクセスすることが可能となったわけである．なお，WWW以外の機能でも電子メールやファイル転送などパソコン通信などに使われている機能はもちろん充実している．

これまでの既存の多くのネットワークは基本的にクローズであったが，インターネットはTCP/IPのプロトコルさえ遵守すればオープンで世界中のどこへでもアクセスできる利便がある．さらに料金面でも，インターネットに接続

するまでの費用は自己負担となるが，そこから先は既存のネットワークが負担してくれるので安価な通信が可能となる利点がある．かくして近年インターネットは米国中心から全世界のグローバルな通信システムとして驚異的な普及を遂げるに至っている．

10.2 ISDNの特徴と構成

[1] 特　徴

ISDNの概念は，以下に示す特徴を有している．
① 各種の情報通信サービスをディジタル形式の信号に統一し，これらを同一のネットワークで伝達するサービス総合網
② 接続の形式は回線交換，パケット交換，および固定接続
③ 伝達速度は電話音声との親和性を重視（64 kbit/s $\times n$）
④ 高度のサービスの提供や保守運用のために高度の制御機能を具備

CCITTでは，広範囲にわたるISDNの研究，勧告の作成を効率的に進めるために，研究内容を整理し体系化を行い，標準化の対象を明確にしている．まず，ISDNのプロトコルについては，7レイヤからなるOSI階層モデルに準拠した階層構成で考えるが，標準化対象としているのはレイヤ1～3までとしている．これは，ISDNが端末間のトランスペアレントな通信路を設定し，ベアラサービスを行うことを基本としているためである．つまり，電話やファクシミリなどの各種の情報サービスの伝達は，7レイヤすべてにわたり規定するテレサービスとなるからである．

また，標準化対象の主要なインタフェースは，ユーザとISDNとの間の**ユーザ・網インタフェース（UNI）**，国際間の接続で重要なISDNネットワークノード間のインタフェース（NNI），ISDNと他の網を接続するときに重要な網間インタフェースである．CCITTでは，ユーザから直接高速のディジタル接続が可能なことがISDNの最大の特徴であるとの認識に立ち，UNIに重点をおいて研究している．UNIは別名，**Iインタフェース**とも呼んでいる．

[2] UNIの構成

次に、ユーザ・網インタフェースの構成について考える。ユーザの利便から考えると、ISDNは以下に述べる条件を満たしていることが望ましい。

① 異なったサービスの自由な選択：電話，ファクシミリ，データ，ビデオテックス，テレビ会議などの各種情報通信を自由に選択できることであり，そのため種々の伝送速度で対応させる必要がある。また，回線交換，パケット交換などの交換形式を選択可能としなければならない。

② 同時に複数の端末の使用：異なる情報メディアを組み合わせて使うマルチメディア通信の利用を可能とすることが重要であり，そのためにはディジタル多重伝送が必要である。

③ 端末機器の移動性：端末機器の小型軽量化の傾向に対応し，通信中に移動して使用する場合を想定し，ソケットによる接続を可能とすることが望ましい。

以上の条件を満たした配線の形態は種々あるが，代表的な基本インタフェースで使われる例を図10.4に示す。この場合には，ネットワーク側の終端装置から1本のバスを設置し，このバスを使って多種類の端末を複数同時通信することができる。端末は最大8端末まで接続可能で，接続の際にバス上での衝突を避けるため，特別の工夫がなされている。

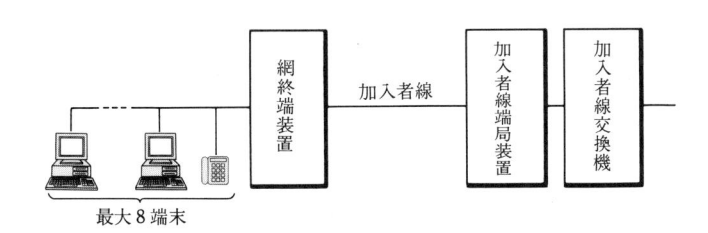

図10.4 基本インタフェースの配線構成

ユーザ・網インタフェースの標準化は，まずインタフェース点を明確に定めておくことが必要で，このため図10.5に示す構成（参照モデル）のR点，S点，T点を標準化の対象とする位置に定めている。ここで，NT (Network Termi-

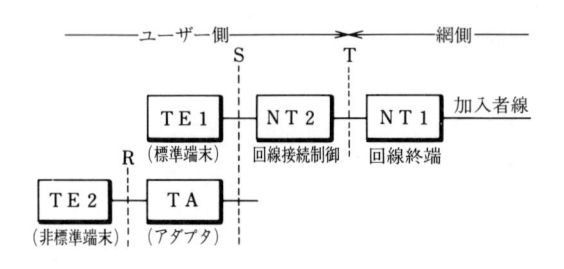

```
────ユーザー側────┤ ├────網側────
                 S   T
         ┌─────┐┌─────┐┌─────┐
         │ TE1 ││ NT2 ││ NT1 │──加入者線
         └─────┘└─────┘└─────┘
         (標準端末)(回線接続制御)(回線終端)
       R
 ┌─────┐┌─────┐
 │ TE2 ││ TA  │
 └─────┘└─────┘
 (非標準端末)(アダプタ)
```

図10.5　ユーザ・網インタフェースの参照モデル

nation) は網終端装置であり，NT1 は同期，速度変換，電力供給，保守・試験などの機能をもつもので，データ通信における DSU に相当し，NT2 は PBX （構内交換機），LAN など回線接続機能をもつものである．TE (Terminal Equipment) は端末機器で，TE1 は ISDN 標準端末，TE2 は非標準端末である．これまでの既存の情報端末機器は，TE2 に相当するが，これらを ISDN 回線に接続できるようにするための変換器が TA (Terminal Adapter) であり，速度変換とプロトコル変換の機能をもっている．NT2 は大規模ユーザが対象と考えられ，一般的には不要となることが多い．そのため，S 点と T 点が重なることになるので，S/T 点とまとめて表示する．I インタフェースは S 点であるが，この場合は S/T 点となる．

　ユーザ・網インタフェースでは，多重化ディジタル信号の種類と速度が重要である．信号のチャネルには，情報信号を伝達する情報チャネルと，交換機や端末機器などに制御信号を送る制御チャネルとがあり，情報チャネルはさらに伝送速度による分類を行っている．これら分類された信号チャネルを**チャネルタイプ**と呼んでおり，これまでに標準化されているものを表 10.1 に示す．

　B チャネルは，電話 1 チャネル分に相当する速度となっている．D チャネルは 2 種類あって，主な用途が回線交換用の制御信号伝送チャネルで，空いているときにはパケットとしても利用できるチャネルである．H チャネルは，高速信号の情報を伝達するためのチャネルで，64 kbit/s の 6 倍の速度の H_0 と，ディジタルハイアラーキの 1 次群速度に相当する H_1 の 2 種類がある．なお，H_1

10.2 ISDNの特徴と構成

表10.1 チャネルタイプ

チャネルタイプ	伝送速度〔kbit/s〕	用途
B	64	ユーザ通信チャネル(回線交換, パケット交換)
D	16 / 64	回線交換用信号チャネル / パケット通信チャネル
H { H_0 / H_1 }	384 / 1,536	ユーザ通信チャネル(回線交換, パケット交換, 専用線)

について厳密にいえば，世界のディジタルハイアラーキが日米と欧州では異なるため，統一されずH_{11}とH_{12}の2種類あるが，ここではわが国で適用されているH_{11}について示している．また，チャネルタイプがアルファベット順なのに，AとCがないことに不審をもたれた読者がおられると思われるが，これは過去の研究でA(アナログ音声)，C(アナログとディジタルの混合)の伝送も一時取り上げられた経緯によるもので，現在は不要となっている．

ユーザ・網インタフェースは，チャネルタイプをベースに組み立てることに

(a) 基本インタフェース (2B+D)

(b) 1次群インタフェース；B系 (23B+D)

(c) 1次群インタフェース；混合系 (mH$_0$+nB+D)

(d) 1次群インタフェース；H系

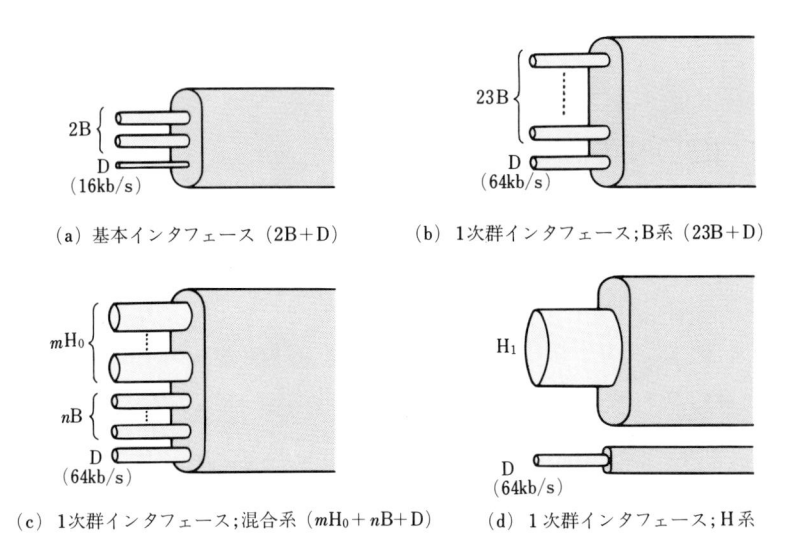

図10.6 ユーザ・網インタフェースの種類

なるが，現在標準化されているのは，図10.6に示すように基本インタフェースと1次群インタフェースの2種類である．

基本インタフェースは，2つのBチャネルと1つのDチャネル（16 kbit/s）とから成り立っている最も簡易なインタフェースである．多重化されたディジタル信号は，ユーザ側を図10.4のバスを介して流れるが，その伝送速度はフレーム同期や直流平衡などのため192 kbit/sと大きくなり，伝送符号はAMI符号を使用している．この基本インタフェースをユーザから見れば，例えば1つのBチャネルを使って電話をかけながら，他のBチャネルを使ってファクシミリ通信を行い，さらに同時にDチャネルのパケットも使ってパソコン通信を行うことができることになる．

1次群インタフェースは3種類あり，B系の23 B+D（64 kbit/s）はPBX用に適し，m本のH_0とn本のBを使う混合系やH_1系は，Bチャネルには適用できないような高速通信（高速データ通信，テレビ会議などの画像通信）の利用に適している．

以上に述べた基本インタフェースと1次群インタフェースの構造をもつ2種類のISDNが，すでにサービスされている．

10.3 ISDNの構成技術

ディジタル伝送とディジタル交換の技術は，ISDN以前から個別に発展してきており，すでに3～5章でその内容を述べた．しかし，これらを組み合わせてディジタル統合網として機能させるためには，さらにネットワーク化の技術を開発し，確立しておかなければならない．そのため，新しく開発された技術は伝送分野に多く，

① 同期多重化方式
② 加入者線伝送方式

が主要なものであり，以下にこれを述べる．

複数の低次群PCMを多重化して高次群PCMを作るには，ビット同期をと

る必要があり，その方式としてスタッフ同期方式と従属同期方式（網同期）の2方式があることを3章で述べた．ディジタル交換機では，ハイウェイを流れるディジタル信号の各タイムスロットを，時間的前後関係を入れ換える（Tスイッチ）か，隣接ハイウェイ間で入れ換える（Sスイッチ）かを基本機能としているので，交換機に入る多くのディジタル多重伝送信号間のビットレートを，完全に一致させておくことが必要である．そのためには，スタッフ同期による非同期多重方式ではなく，網同期による同期多重方式を採用しておかなければならない．このことは，網同期によるネットワーク全体の完全同期化を意味し，情報信号伝送系とは別の，同期情報の元となるクロック周波数供給系が必要となる．また，多重化の方法としても，ビット多重をチャネル多重にしておかなければならない．以上をまとめると，ディジタル網においては，同期多重化の方式としてチャネル多重による同期多重方式を，そして網同期を新たに採用することが必要となる．

　ISDNを構築するときには，現行のアナログ電話網を構成している伝送装置と交換機をディジタル化していくことが基本となるが，7章で述べたようにアナログ電話網は加入者系が2線網となっており，これがISDN化の当面の大きな障害となる．加入者線の4線化は，ユーザの数が膨大であるため実現困難であるので，実質的に4線化できる技術を考えなければならない．その方法として新しく実用化されたのが，4.4節で述べた時分割方向制御双方向伝送方式（日本）と，エコーキャンセラとハイブリッド回路を使用する双方向伝送方式（欧米）である．これらの方式は，ISDNの基本インタフェースに適用されているものである．1次群インタフェース以上の高速ISDNに対しては，伝送特性の点から無理があり，光ファイバを使用した方式になっている．

　一方，交換分野に関しては，ディジタル交換機を構成する回線交換とパケット交換の技術はすでに確立されており，またISDN用の共通線信号方式も整備されており，これらについては5章と7章で述べた．ISDN用の交換機は，ディジタル交換機の加入者線側に，ISDN特有のインタフェースを追加することにより実現される．そして，中継網で64 kbit/s回線交換，H系の高速回線交換お

よびパケット交換に分かれて交換処理を行っている．

　端末をISDNと接続するときには，音声や画像のようなアナログ系の端末では，符号化によりディジタル形式に変換してやる必要があり，パソコンやコンピュータなどのディジタル系の端末では，標準のディジタル形式に変換してやる必要がある．ISDN標準端末と呼ばれているものは，このような変換を内部で行っている．例えば，ディジタル電話機がそれで，内部にCODECがあり，64 kbit/sのディジタル信号を出力するようにできている．これに対して，ISDN非標準端末と呼ばれているものは，従来から使われている多くの既存の端末である．この非標準端末をISDNに接続するためには，標準端末形式に変換するためのターミナルアダプタが必要で，ターミナルアダプタは端末の種別に対応して各種ある．

　これらを分類すると，アナログ電話網を利用していた端末では，3.1 kHz帯域のアナログ端末（電話機，G3ファクシミリなど）と9.6 kbit/s以下のデータ端末（パソコン，データ機器）があり，前者ではアナログ信号を64 kbit/sに，後者ではV.24インタフェースから64 kbit/sにアダプタで変換する．ディジタルデータ網を利用していた端末では，回線交換の場合とパケット交換の場合があり，前者ではX.20, 21インタフェースから64 kbit/sに，後者ではX.25からパケットにアダプタで変換する．

　現在，ディジタル電話機，G4ファクシミリ，テレビ会議端末などの種々のISDN標準端末や，上述の各種のターミナルアダプタおよび，NT2対応のディジタルPBXなどが開発されており，今後のISDNの普及，発展に伴って，さらに多様な展開があるものと思われる．

10.4 ISDNの利用

[1] 利用の利点

　ユーザ側から見た場合，従来の各種通信サービスに比べ，ISDNを利用するほうが優ると考えられる主な利点は，

① 高速性
② 高品質性
③ 多重アクセス
④ 多回線一括利用
⑤ パケット通信
⑥ 付加サービス

である．①は，B (64 kbit/s)，H_0 (384 kbit/s)，H_1 (1.5 Mbit/s) の各チャネルを利用する高速通信を指す．例えば，従来のアナログ電話網によるデータ通信が 9.6 kbit/s（最近は高速化の研究が進み，28.8 kbit/s も可能），ディジタルデータ網(DDX)でも 48 kbit/s が限度となっていたのに比較すると，高速化は顕著である．②は，ディジタル通信特有の性質から当然であるが，その他ディジタル 1 リンクとなること，光ファイバや誤り制御方式の導入の効果も大きく貢献している．③は，複数サービスの同時並行利用が可能となることであり，マルチメディア通信としての意義が大きい．基本インタフェースの場合では，2B の活用がこれに当たる．④は，PBX，LAN に対する 1 次群インタフェースの活用がこれに相当する．⑤は，B チャネルと D チャネルを使って通信できる．⑥は，制御信号を D チャネルを専用的に使って送ることができるので，付加サービスの拡大が可能である．

[2] わが国におけるサービス状況

現在，世界の先進国で ISDN のサービスが行われているが，わが国の NTT が行っている ISDN サービスは，INS ネット 64 と INS ネット 1500 の 2 種類がある．INS ネット 64 は，10.2 節で述べた基本インタフェース (2B+D) によるサービスで，INS ネット 1500 は，1 次群インタフェースによるサービスである．両者とも，回線交換 (B, H_0, H_1) とパケット交換 (B, D) のサービスがある．

回線交換サービスでは，サービス品目がかなり多くあるが，大きく分類すると，INS ネット 64，1500 の両者に共通して，通話モードとディジタル通信モー

ドがある．通話モードは，従来の電話サービスにさらに豊富なサービスを付加したもので，新電話サービスといえる内容のものであり，Bチャネルを使うサービスである．ディジタル通信モードは，端末間にトランスペアレントなディジタルパスを提供することであり，B, H_0, H_1 の各チャネルを使うサービスである．最近は2つのBをまとめて128 kbit/sの高速で利用できるアダプタが出現している．このディジタル通信モードこそが，ISDNらしさをもつサービスである．新電話サービスは，新しく付加されたISDN特有のサービスとして，発信者番号通知，サブアドレス通知，料金情報通知，通信中機器移動などがある．また，従来からあるサービスでも，機能がかなり高度化されている．一方，パケット交換サービスでは，BチャネルとDチャネルを使う場合に分かれてサービス条件が定められているが，両者の大きな違いは，利用者データの多重化方法と最大パケット長である．なお，これらのパケット交換サービスを **INS-P** と呼んでいる．

現在の電話網，ディジタルデータ網，ファクシミリ網などのユーザとISDNユーザとの間の網間接続も可能である．ただし，ISDNでは高機能，高性能の端末を使えるが，他網と通信するときは，相手端末のレベルに合わせて通信することになるのはやむを得ない．例えば，ファクシミリの場合，ISDNで使用するのはG4規格で高精細かつ高速（A4判で約4秒）であるが，電話網で使用しているのはG3規格なので，これに合わせてG3並にレベルダウンする．

[3] 利用技術

ISDNは，いま普及の段階を迎えているが，ここで重要なことはISDNをいかに利用するか，そしてそのための利用技術は何かを明確にすることである．すなわち，ディジタル通信モードの活用の仕方が鍵となっている．そのため，ユーザ側のニーズと，メーカ側の新しいシーズを結ぶ多くの研究，試みがなされているのが現状である．

すでに技術が確立または実用になっている主な情報通信機器は，音声系では，

① ディジタル電話機

② 高品質音声電話機

画像系では，

③ G4ファクシミリ

④ 高速ビデオテックス

⑤ テレビ電話

⑥ テレビ会議

であり，そのほかディジタルPBXや各種のターミナルアダプタがある．ここで，高品質音声電話機について一言付け加えておくと，これは前に3.5節で触れたADPCMの符号化技術を応用するものである．3.5節では，3.1kHzの帯域の信号をADPCMにより変換すれば，32 kbit/sとなり，64 kbit/sと品質が大差ないことを述べたが，ここではこれを逆に，ADPCMで64 kbit/sが得られる信号は，7 kHz帯域の信号となる関係を利用している．高品質音声通信の利用分野としては，放送，テレビ会議，同報通信などが考えられる．

INSネットサービスは，昭和63年にスタートして以来，加入状況は各業種分野の企業を中心に順調に伸びてきている．ディジタル通信モードの利用内容は，INSネット64についてはまず特に注目されるのがインターネットへの接続である．これは近年パソコンとインターネットが著しい普及を遂げていることに起因している．そのほかにはG4ファクシミリ，パソコン通信，店内などの遠隔監視，オンラインバックアップなどがある．INSネット1500については，PBX，テレビ会議，CAD/CAM通信，G4ファクシミリなどに使われている模様である．今後は，付加価値の高いアプリケーションの開発に重点が向けられるが，当分の間は金融，製造，サービス，流通，公共，印刷・出版，建設・不動産，商社などの企業を中心に開発が進められることになると考えられている．また，将来的には在宅勤務，通信教育，ホームセキュリティなどを通じ，個人の生活にまで関与してくることが予想される．

ISDNの本格的発展と普及は，利用技術の一層の推進が最も重要になろう．ISDNは，通信基盤の話であるがコンピュータの初期の頃によく似た位置づけにあり，コンピュータが利用技術の開拓と共に発展し今があることを思えば，利用技術が重要なことはいうまでもないことである．

10.5 ISDN 発展のための新技術

以上述べた ISDN はマルチメディア通信のためのインフラとしては比較的簡易な第1期段階のものである．今後の多彩なマルチメディア通信に対応するためには，より本格的なインフラの構築が必要である．そのため，現在，高度の機能を備えた ISDN に拡張，発展させるネットワークの研究が行われている．ここでは次に示す2つのキーテクノロジーの動向について述べる．

① 大容量伝送技術
② 効率のよい伝達方式

大容量伝送方式については，すでに 10 Gbit/s の光伝送方式が実用になり，伝送コストの大幅な低減が達成されている．また，国際的に3本立てだったディジタルハイアラーキは，CCITT で新しい同期ディジタルハイアラーキ(**SDH**：Synchronous Digital Hierarchy) として統一された (3.7節参照)．すなわちスタッフ同期による非同期多重から完全な同期多重に，そして NNI における伝送速度が 155.52 Mbit/s と，その 4，16 倍に決められた．加入者系の光化も実用化が進められており，伝送路の大容量化はほとんど解決されているといえよう．

残された大きな課題は伝達方式である．マルチメディア通信は多様で，しかも性質の異なる情報信号を統一的に処理しなければならず，そのために効率のよいリンクとノードの技術の確立が必要である．それに応える新技術として期待され研究されている伝達方式が，**ATM** (Asynchronous Transfer Mode；非同期転送モード) である．

従来のディジタルネットワークで行ってきた信号の多重化と交換処理は，**STM** (Synchronous Transfer Mode；同期転送モード) と呼ばれている伝達方式である．図 10.7 に STM と ATM の原理を比較して示す．

STM は図に示すように，各チャネルの信号をあらかじめ時間軸上で周期的に時間を割り当てておく方式であり，すでに時分割多重 (3.7節) やディジタル交換 (5.3節) で述べた方式である．タイムスロットの周期は，各情報信号の標

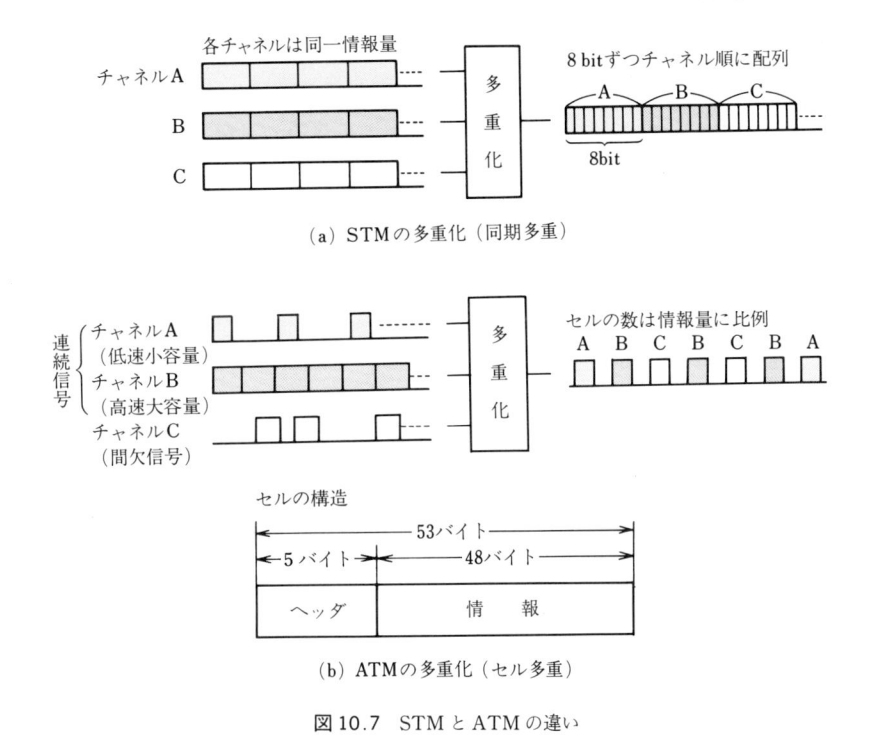

10.5 ISDN発展のための新技術

(a) STMの多重化（同期多重）

チャネルA／B／C　各チャネルは同一情報量　→　多重化　→　8bitずつチャネル順に配列

(b) ATMの多重化（セル多重）

連続信号：チャネルA（低速小容量）、チャネルB（高速大容量）、チャネルC（間欠信号）　→　多重化　→　セルの数は情報量に比例

セルの構造：53バイト（ヘッダ5バイト＋情報48バイト）

図10.7　STMとATMの違い

本化周期と一致しているので，電話音声信号では 125 μs となり，多重化のため信号のパルス幅を圧縮して空き時間を作り，他のチャネルを収容しているわけである．これが画像信号になると，かなり短い周期となる．高速のディジタル伝送路を音声多重通信と画像通信とで適宜切り替えて共用する場合には，両者の周期を整数比の関係にしておかなければならない．前に述べたディジタルハイアラーキは，このことにも若干配慮して決められたものである．多くの異種の信号からなるマルチメディア通信の場合には，対応が困難になってくる．またSTMは，あるチャネルに何も信号が送られていないときでも，その時間は空けたままになり，効率が悪い．例えば，電話による会話の場合に，実際に伝送路に信号が流れている割合は約40％といわれている．STMはこのように柔軟性に欠けており，マルチメディア通信が重要視されている現在では，発展性が

ないといえよう．

　ATMは，すべての情報信号をあらかじめ固定長にブロック化しておき，これに宛先，チャネル番号などからなるヘッダをつけて**セル**と呼ばれる転送単位を作り，これをヘッダに従って網内を転送させるものである．セルは，情報に48バイト(1バイトは8ビット)，ヘッダに5バイトを割り当てた53バイトで構成する．各情報信号の速度の違いはセル数で調整し，図10.7に示したように非周期的に自由に多重化できるし，バースト（間欠）信号にも対応できる特徴をもっている．ATMは，セルを使うことからパケット通信に似ているが，まず情報のブロックの大きさが小さくなっており，交換処理がパケット交換では主にソフトウェア処理（フロー制御，誤り制御，再送制御）で行われていたのに対して，高速化のためこれらの機能を省略し，ハードウェアによる高速スイッチングを導入した点が異なっている．また，伝送するときも，従来の速度階層構成の物理的伝送路への対応を意識せず，柔軟に自由に収容できるし，無駄な空き時間のない効率のよい情報転送が可能となる．ATMの問題点を強いてあげれば，遅延を生ずることと，統計的多重の性質からトラヒックふくそう時にセルの損失が生ずることであるが，これらによる品質の低下がわずかなものとなるように種々の対策が考えられている．

　以上述べたことからわかるように，ATMはマルチメディア通信に向いているとされたパケット通信の欠点となっている非高速性，遅延を改良したものと考えられる．またATMは，物理的な多重伝送系に仮想的なパスを設定するという新たな転送モードの概念を創出することになり，通信網はさらに新しい大きな変革期を迎えている．

　マルチメディア通信のための端末技術は，各種画像通信と高速データ通信を主な対象とした高速，広帯域の端末の開発が進められるが，ATMの出現により固定速度の符号化のみならず，情報量の変化に対応して変化する可変速度符号化技術も，大きく進展するものと考えられる．また，高速のLANの普及にあわせて，高度化したISDNを利用するLAN間通信の研究も盛んになるものと考えられる．

10.6 インターネットの機能と構成

[1] TCP/IP プロトコル

　前に述べたようにインターネットはコンピュータネットワークを相互接続するためのネットワークであるが，もっと詳しくしくみを説明すると，ネットワーク間の接続はルータと呼ばれている接続中継装置を用い，TCP/IP プロトコルにより行っている．TCP/IP プロトコルはルータやコンピュータが相互に通信する場合の情報交換のための約束事を定めた手順である．このプロトコルは多くの優れた特長を有し，使用できる範囲が広く標準化が進んでいるため利用実績が多く人気の高いプロトコルである．TCP (Transmission Control Protocol) と IP (Internet Protocol) はそれぞれ表 9.4 で述べた OSI 基本参照モデルにおける第 4 層のトランスポート層と第 3 層のネットワーク層に相当するものであるが，一般に「TCP/IP プロトコル」の名称を用いるときはこのプロトコルを指す言葉としてではなく，TCP と IP を含む TCP/IP 通信にかかわる多数のプロトコル群の総称として用いている．

　通常，通信や情報処理関係の技術の国際標準化は，ITU（国際電気通信連合）や ISO（国際標準化機構）すなわち各国の主官庁に関連団体，有力企業が加わった国際標準化機関により作られ，管理されている．TCP/IP プロトコルの場合はインターネットの概念が米国で生まれ民間の手で発達したことからデファクトスタンダードとして事実上の標準と認識されており，米国内の組織 NIC (Network Information Center) で一元的に管理されている．TCP の主な役割は，通信の両端にある端末システムの間の通信の信頼性確保であり，受信側で正常受信確認情報を送信側に返し，正常でないときには再送処理を行っている．IP の主な役割はデータの転送経路の選択であり，そのためにデータを IP データグラムと呼ばれるパケットに細分化して転送し，ルータではヘッダ部のアドレス情報から経路情報表を見て経路に振り分け転送する．

　インターネットはパケット通信であり，データはパケットに細分化されヘッ

198　10. マルチメディア通信

プロトコル階層	ヘッダ処理				処理の目的
アプリケーション層				パケットデータ	電子メールの作成
TCP層			TCPヘッダ	パケットデータ	ソフトウェアの認識
IP層		IPヘッダ	TCPヘッダ	パケットデータ	ネットワークの認識
データリンク層	データリンクヘッダ	IPヘッダ	TCPヘッダ	パケットデータ	ハードウェアの認識

図10.8　TCP/IPのヘッダ処理

ダが付加される．ヘッダにはTCPヘッダとIPヘッダがあり，また物理層/データリンク層としてイーサネットやトークン・リング，FDDIにそれぞれプロトコルが規定されている．これらのヘッダの処理関係を図10.8に示す．それぞれのヘッダ内には役割に応じ送側元および宛先のアドレスや順序など様々の情報が入っている．データ通信ではTCP層でもIP層でもコネクション型とコネクションレス型の2種の通信方式がある．コネクションとは通信パス（通信経路）を意味し，普通は物理的パスと論理的パスの2種に分類されるが，この場合は論理的パスを指している．コネクション型とコネクションレス型の2つの形式を図10.9に示す．

　コネクション型はデータの送信に先立って送信側と受信側の間に通信路を設定し（コネクションの確立），送信データはこのコネクションの上を転送されるが，ある単位ごとに受信確認が送信側に送られる．データの送信が完了するとコネクションの設定が解かれる（コネクションの解放）方式である．これまでの多くのデータ通信で使われているパケット交換のバーチャルサーキット方式や，日常電話で行われている方式がこれに該当する．コネクションレス型とは前もって通信路の設定をすることなくデータを送るたびに宛先の情報を付加して伝達する方式であり，受信の確認を送信側に送ることなく省略している方式である．パケット交換のデータグラム方式がこれに該当する．コネクション

10.6 インターネットの機能と構成

```
         コネクションの確立
送信  ←――――――――――――――→  受信
     データ  データの送信
コンピュータ ――――――――→  コンピュータ
         受信確認
     ←――――――――――――――→
         コネクションの解放
     ←――――――――――――――→
```

(a) コネクション型

```
送信        データの送信       受信
コンピュータ ――――――――→  コンピュータ
```

(b) コネクションレス型

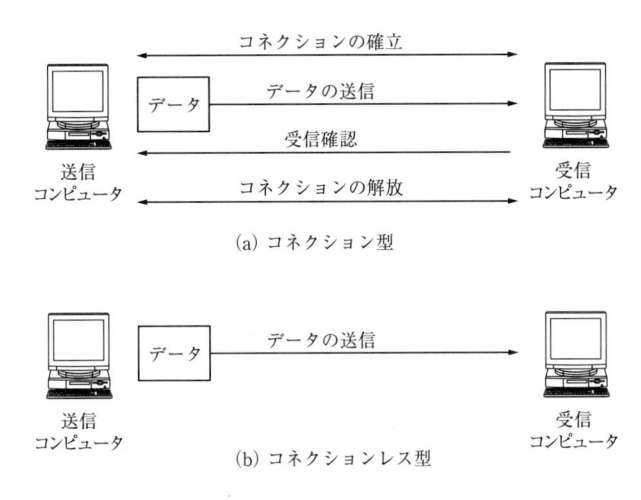

図10.9 コネクション型とコネクションレス型

型の通信はデータを送信するごとに受信確認することからわかるように，信頼性の高い通信を実現することができる反面，受信確認の処理が伴うので高速性は損なわれる．これに対しコネクションレス型の通信は短いデータが多いときに効率がよく，また信頼性はコネクション型より劣るが伝送速度が速い特徴がある．インターネットで転送されている情報の単位はIPデータグラムであり，その特徴はコネクションレス型の通信プロトコルであることである．そこでコネクションレス型の欠点を補うため，コンピュータ間のデータの到達，品質を保証するためのTCPプロトコルにはコネクション方式が採用されている．つまり，従来網内で行っていたデータ通信で必要な多くの制御機能（誤り制御，順序制御，フロー制御など）を網の両側のコンピュータに移し処理することで，網の負担を軽くしているといえる．このことは近年，端末にあるコンピュータのレベルが飛躍的に向上していることと，伝達系における光ファイバの導入により符号誤りの原因となっている雑音が大幅に減少していることから当然の変革といえよう．

[2] IPアドレス

IPヘッダの中にあるIPアドレスは32ビットの固定長で表現し，これを8ビットごとの4区画に分けそれぞれ10進数とし「.」で連結する．IPアドレスをそのまま使用するのは面倒なので，実際には人間になじみやすくするため住所表記と同じように階層的な構造で表すドメイン名が使われている．http://www……の形（URL）でwwwの右側にドメイン名で書く．このドメイン名はほかに同じドメイン名がない一意性を厳守しなければならず，わが国ではJPNICに申請し取得することとなっている．インターネットで情報検索するときには，相手となるWWWサーバのドメイン名をアクセスすると，ドメイン名からIPアドレスに変換するDNS（Domain Name System）システムを通してIPアドレスでアクセスすることになり，合理的に扱うことができるしくみとなっている．

[3] インターネットのサービス

次にインターネットの主なサービスとして①情報検索，②電子メール，③ファイル転送について概観する．情報検索は前に述べたWWWである．最初はイリノイ大学が開発したクライアントが使用する情報閲覧ソフト（WWWブラウザという）MOSAICが有名であった．その後機能面が改良され現在広く利用されているWWWブラウザは，Netscape NavigatorとInternet Explorerである．WWWサーバのディスクにはハイパーテキスト記述言語HTML（Hypertext Markup Language）で記述されたテキスト・ファイルのほか，画像，音声，ビデオなどのファイルが保存されており，ユーザはこのファイルをTCP/IPの上位プロトコルであるハイパーテキスト転送プロトコルHTTP（Hypertext Transfer Protocol）で読み出す．WWWサーバの基本的機能はクライアントからの読み出し要求に応じてファイルを読み出してクライアントに転送することである．さらにユーザは画面に表示されるテキストや画像の一部分をクリックすることで別のHTMLファイルを読み出すことができる．読み出されるHTMLファイルは同一のWWWサーバにあっても別

のWWWサーバにあっても構わない．WWWが非常に普及した理由は，このWWWブラウザの簡単な操作法にある．リンクが張ってある箇所をマウスでクリックするとそのリンク先を見ることができるからである．

インターネット・アプリケーションの中で最も利用されている身近なものは電子メールである．電子メールはパソコン通信でも馴染み深いサービスであるが，インターネットによる電子メールの利点は世界中に発信できることである．インターネットの電子メールがパソコン通信の電子メールと大きく異なるのは，メール・サーバが分散していることである．インターネットの電子メールは通常，各ドメインごとにメール・サーバを設けている．クライアント・ユーザは自分が属するドメインのメール・サーバに対して電子メールの送受信を行う．届いたメールは専用のディレクトリ（メールボックスと呼ぶ）にファイルとして保存される．電子メールはFAXと比較すると，返信が簡単（返信アドレスが自動的に付与され直ちに返信できる）で，コンピュータに取り込んで再利用でき，他人が読むことは困難でプライバシーが守れるなど利点がある．

インターネットを利用するための多くのプログラムは，フリー・ソフトウェアとして無料で公開されている．このようなプログラムを入手するために便利な機能がファイル転送機能FTP（File Transfer Protocol）である．インターネットでは多くのコンピュータが様々の情報を提供しているが，FTPを用いることにより情報を提供したり，利用したりすることが可能となる．インターネットでは情報検索支援や情報提供のための多くのサービスが用意されている．

[4] インターネットへの接続

インターネットへの接続において，まず前提となることがTCP/IPのプロトコルが使える環境を整備することである．パソコンが広く普及している現在では，代表的なOSであるMicrosoft社のWindowsか，Apple社のMacintoshを搭載したパソコンはこのプロトコルを標準装備しており，直ちに簡単にインターネットを楽しむことができるようになっている．まずインタ

ーネットへの接続方法であるが，大きく分けると①ネットワーク接続と，②端末接続である．ネットワーク接続とは企業などのネットワーク（LANなど）をインターネットに接続するものである．このネットワークにドメイン名やIPアドレスを付与しインターネットの一部となる．一方，端末接続とはすでにインターネットに接続されているネットワーク（例えばインターネット接続業者が構築しているネットワーク）に対して端末となるコンピュータを接続するものである．IPアドレスは接続先のネットワークから接続時に指定され，ドメイン名は接続先のネットワークのドメイン名となる．

次にインターネットの利用方法によって接続方法が変わることについて述べる．それは①専用線接続か②ダイアルアップ接続かである．専用線接続とは自分のコンピュータとインターネット接続業者（または組織，機関）との間で常時通信できるようにするため専用回線を通信業者から借りて接続する形態で，相手側にゲートウェイ（OSIのすべての層での変換接続）もしくはルータ（ネットワーク層での変換接続）を必要とする．これは常時データが送れるので大量の情報の通信に適するが通信コスト（定額）は高くなり，組織的な利用に用いられている．ダイアルアップ接続はダイアルによる呼び出しを前提とし，一般のアナログの電話回線か，ディジタルのISDN回線のような公衆回線を用いて通信が必要なときだけ接続する形態である．通信経費は利用時間に比例して増加するので，通信時間が短い場合に利用することが望ましい．個人でインターネットを利用するときは，多くの場合ダイアルアップ接続が利用されている．これとは別に従来からあるパソコン通信（Nifty-ServeやPC-VANなど）からも簡単に接続可能となっている．

物理的・電気的意味での接続方法は，アナログの電話回線を利用するときはモデム（9.4節[3]参照）が，ディジタルのISDN回線を利用するときはDSUとTA（10.2節[2]）が必要である．モデムは最近高速化したものが出現しており以前より便利になったが，最高速の28.8 kb/s，56 kb/sを使うときは自分の電話回線の状態を通信業者によく確かめてもらった上で使うことが望ましい．ISDNは64 kb/sまたは128 kb/sの速度で利用できるので，イン

ターネット利用についてはアナログ電話回線より人気が高い．そのほかの新しい技術動向として，既存のメタルの電話回線を利用し特殊なモデムを使って電話帯域の上の高周波で数 Mb/s の高速伝送を可能とする ADSL（Asymmetric Digital Subscriber Line：非対称ディジタル加入者線）と呼ぶ新技術，および都市型 CATV を利用し専用のモデムで高速伝送する新技術が生まれていることも見逃せない．

インターネット接続業者（インターネット・プロバイダとも呼ぶ）は数多く存在し，適切な選択が重要である．多くの場合ネットワークの容量と信頼性，そして最寄りのアクセスポイントまでの距離が要点となっている．

10.7 マルチメディア通信の展望

これまでに技術が確立し標準化を終え，商用サービスに入り，そして人気を得て普及しているマルチメディア通信として，ISDN とインターネットについて述べた．マルチメディア通信は概要のところで述べたように，間口が極めて広く中身がつかみにくい漠然としたものである．この中で ISDN とインターネットは，ともにマルチメディア通信の理想像を求めて第一段階がスタートしたに過ぎず，まだ不十分な点が多いと考えられており，今後の更なる発展が期待されるところである．

ここで ISDN とインターネットの違いについて比較してみる．それぞれについてはこれまでに個別に詳しく述べたところであるが，改めてわかりやすい表にまとめたものが表 10.2 である．ISDN は従来の電話型ネットワーク構成の考え方を踏襲する組織的，体系的に緻密に計画されたマルチメディア通信のためのネットワークであり，世界各国の通信技術者により ITU で長期にわたって討議され，そして標準化された信頼できるネットワークである．ただし，このネットワークを十分活用できる応用面の技術や具体的な一般向けのサービスについてはいまだ不十分で，研究の余地が残されている．それでも ISDN は種々の企業活動やインターネットへの高速アクセスなどの点で人気を得て現

204　10. マルチメディア通信

表 10.2　ISDN とインターネットの比較

比較項目	ISDN	インターネット
網構成, 制御方式	階層構成, 集中制御	非階層構成, 水平分散制御
接続形式	リアルタイム コネクション型	非リアルタイム コネクションレス型
サービス品質	保　証	ベストエフォート
セキュリティ	十　分	不十分
ネットワークの管理	組織的(体系的)	管理者不在
技術標準	ITUが作成した国際標準	デファクト標準

在，急速に普及している状況である．これに対しインターネットはISDNから数年後にこれもまた急速に普及してきたコンピュータ通信型のネットワークであり，表からわかるようにISDNとは全く発想を異にするネットワークである．すなわち，網構成，制御方式が非階層，水平分散制御という細胞分裂しながら成長してゆく体系に似た形となっている．これはコンピュータの発展で機能，性能が著しく向上し，端末が他律性から自律性に変わる時代を迎えたとみることもできる．しかし，種々の問題を抱え改善を要するところも多い．具体的には，まずインターネットの急速な普及に伴って，IPアドレスの容量不足が問題になりつつある．その解決のために現在の32ビットで構成されているIPアドレスを128ビットと飛躍的に増加する計画（IPプロトコルの新バージョンIPv 6）が固まり，近くそのサービスが導入される予定である．次に，データ伝送のスループットの改善，すなわちIPパケット伝送の高速化が重要な問題であり，リアルタイム（実時間）性のある情報（音声，動画）の遅延の問題や，ネットワークの中での異常なトラヒック輻輳などで起こるサービス品質の低

10.7 マルチメディア通信の展望

下は長い間保証型で慣らされてきたユーザにとって不満が出る可能性がある．そのほかセキュリティが十分でないことやネットワークの管理者が不在なことも不安である．以上に述べたようにまだ解決を要する問題は多いが，まだ本格的に使われ出して10年未満であることと，進歩の著しい分野であることを考慮すれば当分注目しておくことが必要と思われる．

これからのマルチメディア通信のネットワークの理想像を考えると，今の段階では明確なことは全くいえないのではあるが，ISDNの今後の発展に関して前に述べたATM関連技術と，TCP/IPを中心とするインターネット技術の両者から新しいキーテクノロジーが出現する可能性も否定できないと思われる．これとは別にマルチメディア通信のインフラが完全に整備される日が近づきつつあることを踏まえて，インフラを効率よく利用するためのソフトウェアのしくみ，マルチメディア情報の中身であるディジタルコンテンツと呼ばれているアプリケーションの研究も当然のことながら促進されるべきものと思われる．

参考文献

1) 電子通信ハンドブック：電子通信学会（オーム社）
2) 情報ネットワークハンドブック：電子通信学会（オーム社）
3) 通信工学：池上文夫（理工学社）
4) データ伝送の基礎知識：電気通信協会編（オーム社）
5) コンピュータ通信とネットワーク：福永邦雄（共立出版）
6) 図解 ISDN：鈴木滋彦（オーム社）
7) ISDN：沖見，加納，井上　共著（電気通信協会）
8) 電子情報通信学会誌，広帯域 ISDN 特集，1991.11

索引

■ア行

アイ　86
アイダイヤグラム　87
アナログ交換機　104
圧伸　52
圧伸器　52
網状網　130
網同期　58, 64
誤り制御　168
安定基準　13
安定品質　13

1次群インタフェース　188
1次元符号化方式　147
1条群別2線方式　90
インクジェット方式　146
位相指数　45
位相変調　41, 44

内付けCVD法　28

エコーキャンセラ　129
エコーサプレッサ　129
エンファシス　77
エンベロープ形式　162
永久接続　29
遠端漏話　23
円筒走査　145

オクテット　161
オクテット多重　63
押しボタン多周波信号方式　129

■カ行

カッド　17
ガラスファイバ　24

回折現象　33
回線交換　109
回線終端装置　150
海底ケーブル　18
外部タイミング形式　88
架空裸線　16
角度変調　44
下側波帯　42
加入者系　128
加入者線交換機　12, 100
干渉　33
感熱記録方式　145
管路ケーブル　17

キャプテンシステム　139
キャラクタ同期方式　156
キャラクタ符号化　154
キャリヤバンド伝送　67
キャリヤバンド伝送方式　159
技術基準　13
基本インタフェース　188
強度変調　70
鳴音　128
局階位　131
近端漏話　23

クラッド　24
グレーデッドインデックス　27
グレーデッド形　27
クロスバ交換機　102
空間スイッチ　106
空間分割　40
空間分割方式　104

ケーブル　7
携帯電話　2, 120
減衰定数　19

索　引　209

検波　43
検波中継方式　93

コア　24
コヒレント通信　70
交換機　1, 12
高仰角伝搬モード　34
呼損率　132

■サ行

3Rの機能　84
3軸制御方式　114, 115
サービス総合ディジタル網　3, 180
再生中継器　84
差分PCM　53
残留側波帯方式　43

ジッタ　86
ショットノイズ　75
シングルモード　27
しきい値　82
直埋ケーブル　17
時間スイッチ　105
時分割多元接続　117
時分割多重　40, 56
時分割方式　104
識別再生　83
指向性　33
自己タイミング形式　88
自然放出　69
自動車電話　120
自動利得制御　78
従属同期　63
集中局　131
周波数同期　57
周波数分割多元接続　117
周波数分割多重　40, 54
周波数変調　41, 44
周波数弁別器　46
受信機　4
準漏話雑音　75
上側波帯　42

白いガウス雑音　75
信号　12
信号対雑音比　10
信号方式　131
振幅位相変調方式　160
振幅変調　41

スタッフ同期　63
ステップインデックス　27
ステップ形　27
ステップバイステップ　102
スピン安定化方式　114, 115
スプライシング　29

セル　196
制御信号　12
整時　83
静止衛星　114
静電記録方式　146
接続基準　13
接続品質　13, 132
選択信号　12
全二重通信　11, 158

装荷　21
装荷ケーブル方式　21
装荷コイル　21
総括局　130
送信機　4
双方向中継器　90
外付けCVD法　28

■タ行

ダイナミックレンジ　126
ダイヤルパルス信号方式　129
帯域伝送方式　159
対称ケーブル　16
対流圏伝搬　34
大容量伝送　40
多元接続　114
多重化　5, 8, 40
多重化同期　57

多モード　27
縦電流　23
単一モード　27
単側波帯変調方式　43
単方向通信　158
端局　6, 131
端末機器　4
端末装置　150

チャネル　8, 40
チャネルタイプ　186
地下ケーブル　17
蓄積プログラム制御方式　103
中央処理装置　150
中継器　74
中継系　128
中継線交換機　12, 100
中継伝送　8
中心局　131
調歩同期方式　155
直交振幅変調　68

対より　17
通信制御装置　150
通信端末　1
通信網　5
通信網同期　58
通信網のサービス品質　13
通話当量　132
通話路　8, 40

ディエンファシス　77
ディジタル位相変調　68
ディジタル回線終端装置　151
ディジタル交換　105
ディジタル交換機　104
テンションメンバ　29
定差変調　53
電界強度　33
電子交換機　103
電子写真記録方式　146
電離層　34

電離層伝搬モード　34
伝送基準　13
伝送システム　1
伝送制御　163
伝送制御手順　165
伝送線路　15
伝送媒体　4
伝送品質　13, 132
伝送路　150

ドップラー効果　121
トランジスタ雑音　75
トランスポンダ　116
同期　56, 154
同期検波　44
同期復調　44
同期方式　155
同軸ケーブル　17
同報通信　11
都市型CATV　142

■ナ行

2次元符号化方式　147
2周波方式　93
2線-4線変換　127

ネーパ　19
ネットワークアーキテクチュア　174
熱雑音　22, 74

■ハ行

ハイアラーキ　55
ハイブリッドコイル　127
バイポーラ　85
ハイレベルデータリンク制御手順　167
パケット　110
パケット交換　110
パケット端末　111
パラボラアンテナ　36
パリティチェック　154
パリティチェック方式　168
パルス符号変調　50

索 引   211

パルス変調   46
波形整形   83
波長多重伝送方式   96
発光ダイオード   69
反響   128
搬送波   39
半導体レーザ   69
半二重通信   11, 158

ビット   50
ビット同期   57
ビットレート   57, 61
ビデオテックス   139
ピンポン伝送   91
ひずみ雑音   22, 51
光ファイバ増幅器   97
非直線ひずみ雑音   75
非同期方式   155
非パケット端末   111
表皮効果   20
標本化関数   80
標本化定理   46
標本値   46

ファクシミリ   144
フォトダイオード   70
フラッグシーケンス   156, 167
フラッグ同期方式   156
フラッグパターン   157
プリエンファシス   77
プリフォーム   28
フレーム   57, 61, 156
フレーム同期   57
フレームリレー   174
プレストーク方式   120
ブロック同期   156
プロトコル   152
負帰還増幅器   76
復調   5, 43
符号誤り率   87
符号化   6, 49
符号間干渉   81

布線論理   103
分散シフトファイバ   32
分離化   5

ベーシック制御手順   165
ベースバンド伝送   67
ペアケーブル   16
ペアラ速度   162
ヘッドエンド   143
ヘテロダイン中継方式   93
平衡ケーブル   16
平衡結線網   127
平面走査   145
変調   5, 39
変調指数   45
変調度   42
変復調器   151

ボー   154
方向フィルタ   91
包絡線検波   44
包絡線復調   44
星形カッドより   17
星状網   130

■マ行

マルチモード   27

無線チャネル   93
無線呼出し   121

メッセージ   166

モデム   8

■ヤ行

ユーザ・網インタフェース   184
ユニポーラ符号   84
誘導雑音   76
誘導放出   69

■ラ行

ランレングス　147
ランレングス符号化方式　146

量子化　48
量子化雑音　51
両側波帯変調方式　43

レイリーフェージング　121

漏洩同軸ケーブル　120
漏話　22
漏話雑音　22, 75

■ワ行

ワード　61

■アルファベット

ADPCM　53
AGC　78
AM　41
AMI　86
ASK　159
ATM　194

BORSCHT機能　107
BSB　43

CATV　142
CCITT　4
CODEC　59
CRC方式　169
CVD法　28

DCE　150
DM　53
DP　129
DPCM　53
DSB　43
DSU　151

DTE　150

FDM　54
FDMA　117
FM　44
FSK　159
FTTH　98

HDLC手順　167

Iインタフェース　184
IM　70
INS-P　192
ISDN　3, 73, 180
ITU-T　4

LAN　173
LS　100

MODEM　151

Nチャネル多重伝送　8
No.6共通線信号方式　131
NPT　111
Nyquist間隔　81

PAD　111
PAM　47
PB　129
PCM　50
PCM方式　2
PFM　47
PM　44
PPM　47
PSK　68, 159
PT　111
PWM　47

QAM　68

Sスイッチ　106
SDH　194

索引 213

SPC　　*103*
SSB　　*43*
SSB-AM　　*54*
STM　　*194*

Tスイッチ　　*105*
TDM　　*56*
TDMA　　*117*
TDM-PCM　　*60*

TS　　*100*

UNI　　*184*

VAD法　　*28*
VSB　　*43*

⊿M　　*53*

〈著者紹介〉

荒谷孝夫
　学　歴　　東北大学工学部通信工学科卒業（1953）
　　　　　　工学博士（1968）
　職　歴　　日本電信電話公社　電気通信研究所（1953）
　　　　　　東京電機大学工学部教授（1980）

理工学講座
電気通信概論　第3版
通信システム・ネットワーク・マルチメディア通信

1985年4月20日　第1版1刷発行	著　者　荒谷　孝夫
1992年2月20日　第1版9刷発行	
1993年4月10日　第2版1刷発行	
1999年3月20日　第2版7刷発行	
2000年2月20日　第3版1刷発行	発行者　学校法人　東京電機大学
2002年3月20日　第3版3刷発行	代表者　丸山　孝一郎
	発行所　東京電機大学出版局
	〒101-8457
	東京都千代田区神田錦町2-2
	振替口座　00160-5-71715
	電話　(03)5280-3433（営業）
	（03)5280-3422（編集）

印刷　三美印刷㈱
製本　渡辺製本㈱

© Aratani Takao　1985, 2000
Printed in Japan

＊無断で転載することを禁じます。
＊落丁・乱丁本はお取替えいたします。

ISBN4-501-32040-0　C3055

Ⓡ〈日本複写権センター委託出版物〉

通信士試験受験参考書

2陸技・1・2総通受験教室1
無線工学の基礎I
松原孝之 著
A5判 240頁
これまでに学んだ知識を確認する基礎学習と基本問題の解答解説で構成した，無線従事者試験受験教室シリーズの第1巻。無線工学の基礎となる電気物理・電気回路・電気磁気測定をわかりやすく解説。

2陸技・1・2総通受験教室2
無線工学の基礎II
大熊利夫 著
A5判 188頁
無線工学を学習するにあたって，基礎的な知識として必要となる半導体・電子管・電子回路の内容をわかりやすく解説。合格に必要かつ十分な内容を網羅し，実力を養成する受験対策書。

2陸技・1・2総通受験教室3
無線工学A
秋冨 勝 著
A5判 192頁
無線設備と測定機器の理論，構造及び性能，測定機器の保守及び運用の解説と基本問題の解答解説を収録。これまでの試験を分析した結果に基づき，出題範囲・レベル・傾向にあわせた内容となっている。

2陸技・1・2総通受験教室4
無線工学B
吉川忠久 著
A5判 272頁
空中線系等とその測定機器の理論，構造及び機能，保守及び運用の解説と基本問題の解答解説。参考書としての総まとめ，問題集としての既出問題の研究とを兼ねているので，効率的に学習することができる。

2陸技・1・2総通受験教室5
電波法規
幡野憲正 著
A5判 200頁
電波法及び関係法規，国際電気通信条約の概要，基本問題・実力養成問題の解説及び解答解説。豊富な練習問題と詳細な解説で合格へと導く，受験者必携の書。

1陸技・2陸技・1総通・2総通
無線従事者試験問題の徹底研究
松原孝之 著
A5判 418頁
無線従事者試験を受験される人のために，出題範囲・程度・傾向などを十分に検討して執筆。これをマスターすれば，合格に必要な実力が養える。

1・2陸技・1総通の徹底研究
無線工学A
横山重明 著
A5判 228頁
過去10年間に行われた1・2陸技1総通「無線工学A」の試験問題を徹底的に分析し，これに詳しい「解答」，「参考」等がつけてある。

1・2陸技・1総通の徹底研究
無線工学B
安達宏司 著
A5判 184頁
過去6年間に行われた1・2陸技「無線工学B」の試験問題を徹底分析し，これに詳しい解答，解説・参考がつけてある。

1・2陸技の徹底研究
電波法規 第3版
吉川忠久 著
A5判 140頁
過去10年間に行われた1・2陸技「電波法規」の試験問題を徹底分析し，これに詳しい解答，解説・参考がつけてある。

合格精選300題 試験問題集
第一級陸上無線技術士
吉川忠久 著
B6判 312頁
これまでに実施された一陸技試験の既出問題を分野ごとに分類し，頻出問題と重要問題にしぼって300題を抽出した。小さなサイズに重要なエッセンスを詰め込んだ，携帯性に優れた学習ツール。

＊定価，図書目録のお問い合わせ・ご要望は出版局までお願い致します．

電気通信受験参考図書

工担者受験教室
アナログ／デジタル
電気通信技術の基礎
岩崎臣男 著
A5判 224頁
工事担任者資格試験合格のために教科書としても，演習書としても役立つように編集。初心者でも十分に理解できるように重要事項をていねいに説明。

工担者受験教室
アナログ第2・3種
端末設備接続技術
蔵内照智／中野幸郎 共著
A5判 168頁
重要事項を学び例題演習で理解を深めるように編集した。各章末には既出問題と予想問題を精選し，出題傾向の把握と実力養成の完璧を期している。

デジタル第1種工事担任者試験
の徹底研究
東京電機大学出版局 編
A5判 252頁
「電気通信技術の基礎」，「端末設備接続技術」，「法規」の出題範囲をこれ1冊にまとめ，合格のための実力がつくように編集した。試験の直前対策や総まとめに最適。

アマチュア無線技士国家試験
第2級ハム教室
これ1冊で必ず合格
吉川忠久 著
A5判 416頁
第二級アマチュア無線技士の国家試験受験者のために，この1冊で必ず合格できるようにまとめた。

アマチュア無線技士国家試験
第4級ハム教室
これ1冊で必ず合格
吉川忠久 著
A5判 416頁
アマチュア無線の入門用の資格である第四級アマチュア無線技士（四アマ）の国家試験受験者のために，この1冊で必ず合格できることをめざしてまとめた。

工担者受験教室
デジタル第1種端末設備接続技術
大久保弘六 著
A5判 260頁
長年電気通信の開発現場と受験者教育に携わった経験を生かし，効率よく合格のための実力が付くように編集した。

工担者受験教室
アナログ／デジタル
端末設備接続技術に関する法規
東京電機大学出版局 編
A5判 200頁
工事担任者資格試験に加え，合格後も，さらに電気通信主任技術者としても役立つように編集した。

電気通信技術者のための
図解　トラヒック理論
大久保弘六 著
A5判 180頁
工事担任者，電気通信主任技術者の受験参考書，教科書として最適。図を豊富に掲載し，例題，問題により理解を深めることができる。

アマチュア無線技士国家試験
第3級ハム教室
これ1冊で必ず合格
吉川忠久 著
A5判 416頁
第三級アマチュア無線技士（三アマ）の国家試験受験者のために，この1冊で必ず合格できる。

ISDN 技術シリーズ／データ通信図書

ISDN 技術シリーズ
図解 ISDN の伝送技術と信号技術

津田 達／津田俊隆／遠藤一美 共著
A5 判 226 頁
ISDN の伝送技術と信号技術について，有線通信を対象に基本的事項について解説したものである。

ISDN 技術シリーズ
図解 ISDN の端末技術

高木浩一 他共著
A5 判 256 頁
ISDN の端末技術について，また今後の通信端末の発展に欠かせない技術について解説。

ISDN 技術シリーズ
図解 ISDN の交換技術

本間良和／中野義雄 共著
A5 判 256 頁
ISDN の交換技術について，その機能を実現している交換機の基本的な交換機能を解説。

ISDN 技術シリーズ
図解 ISDN の利用

都丸敬介 著
A5 判 156 頁
ISDN 利用の際に参考になる情報を，体系的に整理して解説した。

ギガビット時代のLANテキスト

日本ユニシス情報技術研究会 編
B5 変型 240 頁
企業情報システムやイントラネットで重要な位置を占めている LAN を技術的な観点から平易に解説。最新技術も網羅し，LAN 全体の理解に役立つ。

ネットワーカーのための
イントラネット入門

日本ユニシス情報技術研究会 編
B5 変型 194 頁
イントラネットの背景から，インターネットや既存システムとの関連，さらにアプリケーション構築やセキュリティまで，技術的観点から網羅。

ディジタル移動通信方式

山内雪路 著
A5 判 148 頁
ディジタル化の時代に備えた移動体通信システムの理解のために，ディジタル変復調技術を中心に解説。さらに，現状の方式や日米欧で予定されているディジタル自動車電話方式についてもふれた。

スペクトラム拡散通信
次世代高性能通信に向けて

山内雪路 著
A5 判 168 頁
次世代の無線通信システムの基幹技術になるスペクトラム拡散通信について，その特徴や原理をできるだけ平易に解説。

電気通信概論 第 3 版
通信システム・ネットワーク
・マルチメディア通信

荒谷孝夫 著
A5 判 226 頁 2 色刷
好評の第 2 版を全面的に見直し，特にマルチメディアと移動体通信を追加して大きく書き改めた。2 色刷

理工学講座
画像通信工学

村上伸一 著
A5 判 210 頁
画像を中心にした最新の各種通信システムを、その構成原理と主要技術について基礎技術から解説。